景观施工
CAD 节点图集

石艳　主编

江苏凤凰科学技术出版社·南京

图书在版编目（CIP）数据

景观施工CAD节点图集 / 石艳主编． —— 南京 ：
江苏凤凰科学技术出版社，2024.4
ISBN 978-7-5713-4334-7

Ⅰ．①景… Ⅱ．①石… Ⅲ．①景观设计－细部设计－
计算机辅助设计－AutoCAD软件－图集 Ⅳ．
①TU201.4-64

中国国家版本馆CIP数据核字(2024)第073201号

景观施工CAD节点图集

主　　　编	石　艳	
项 目 策 划	段建姣　艾思奇	
责 任 编 辑	赵　研　刘屹立	
特 约 编 辑	艾思奇	

出 版 发 行	江苏凤凰科学技术出版社
出版社地址	南京市湖南路1号A楼，邮编：210009
出版社网址	http：//www.pspress.cn
总 经 销	天津凤凰空间文化传媒有限公司
总经销网址	http：//www.ifengspace.cn
印　　　刷	雅迪云印（天津）科技有限公司

开　　　本	889 mm×1 194 mm　1／16
印　　　张	10
字　　　数	128 000
版　　　次	2024年4月第1版
印　　　次	2024年4月第1次印刷

标 准 书 号	ISBN 978-7-5713-4334-7
定　　　价	118.00元

目录

1 入口·门头   004

2 铺装   026

3 水景·桥   042

4 景墙   068

5 廊·亭·榭   100

6 运动休闲设施   130

7 植物组团   148

项目来源   159

1

入口·门头

案例1

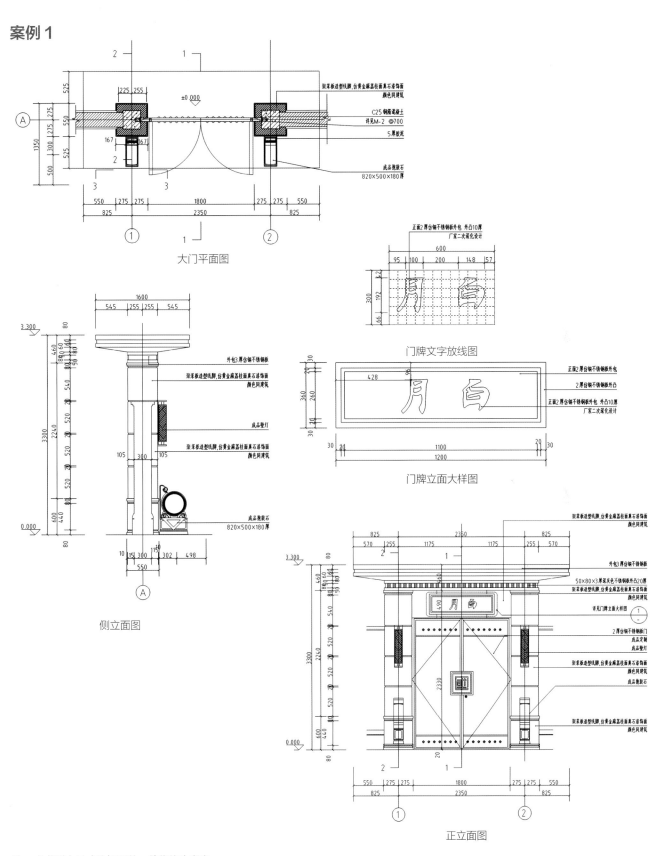

大门平面图

门牌文字放线图

门牌立面大样图

侧立面图

正立面图

注：本书图中尺寸除标明外，单位均为毫米。

案例 2

效果图

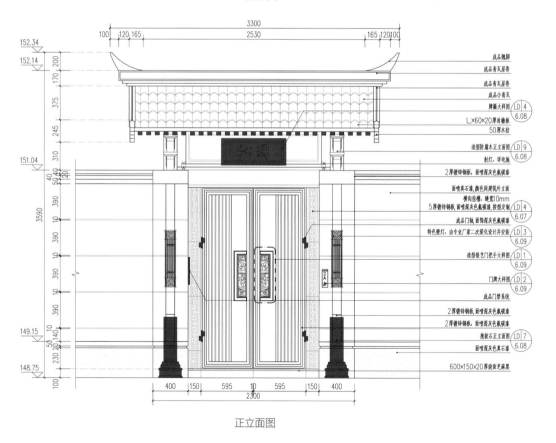

正立面图

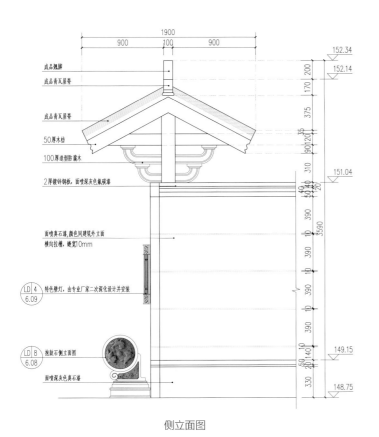

成品飘脚
成品青瓦屋脊
成品青瓦屋脊
50厚木桷
100厚造型防腐木
2厚镀锌钢板，面喷深灰色氟碳漆

面喷真石漆，颜色同建筑外立面
横向拉槽，缝宽10mm

特色壁灯，由专业厂家二次深化设计并安装

LD 4
6.09

抱鼓石侧立面图

LD 8
6.08

面喷深灰色真石漆

侧立面图

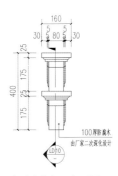

100厚防腐木
由厂家二次深化设计

LD 10

造型防腐木正立面图

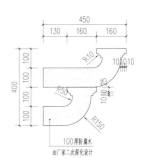

100厚防腐木
由厂家二次深化设计

造型防腐木剖面图

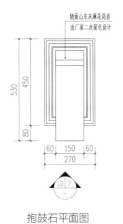

饶面山东灰麻花岗岩
由厂家二次深化设计

LD 7

抱鼓石平面图

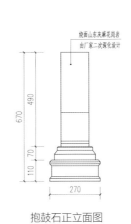

饶面山东灰麻花岗岩
由厂家二次深化设计

抱鼓石正立面图

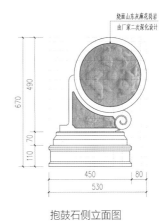

饶面山东灰麻花岗岩
由厂家二次深化设计

抱鼓石侧立面图

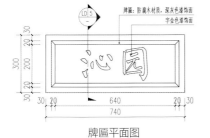

牌匾：防腐木材质，深灰色漆饰面
字金色漆饰面

LD 5

牌匾平面图

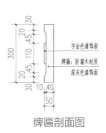

字金色漆饰面

牌匾：防腐木材质
深灰色漆饰面

牌匾剖面图

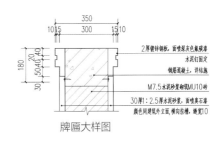

2厚镀锌钢板，面喷深灰色氟碳漆
水泥钉固定
钢筋混凝土，详结施
M7.5水泥砂浆砌筑MU10砖
30厚1:2.5厚水泥砂浆，面喷真石漆
颜色同建筑外立面，横向拉槽，缝宽10

牌匾大样图

案例 3

实景图

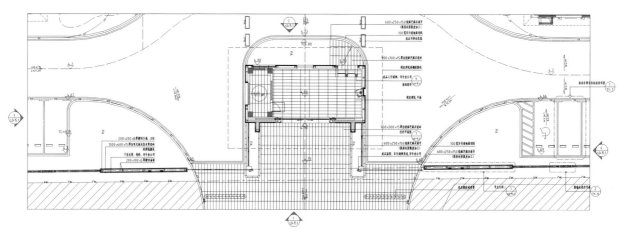

铺装索引平面图

正立面图

背立面图

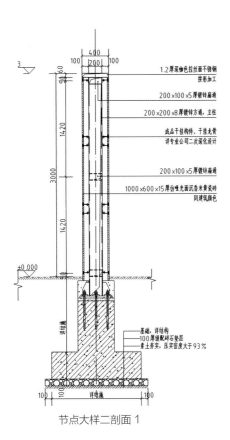

节点大样二剖面 1

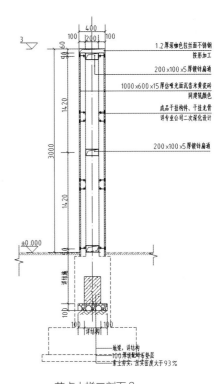

节点大样二剖面 2

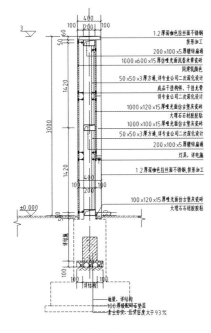

节点大样二剖面 3

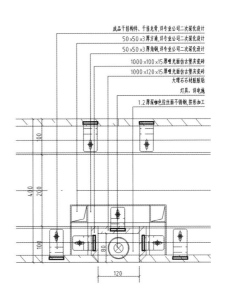

细部大样图

案例 4

实景图

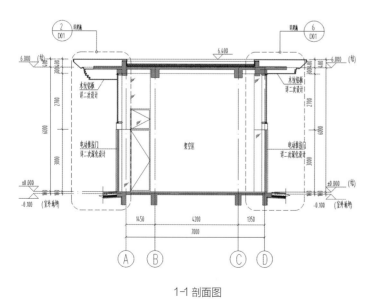

1-1 剖面图

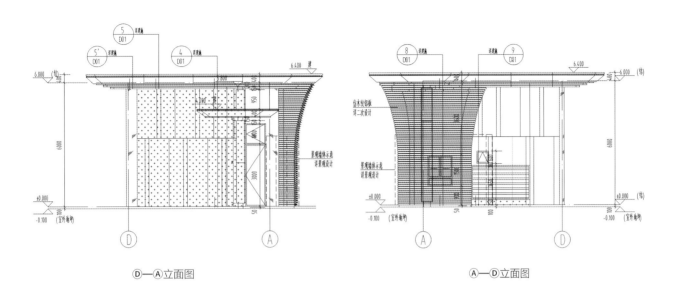

Ⓓ—Ⓐ立面图

Ⓐ—Ⓓ立面图

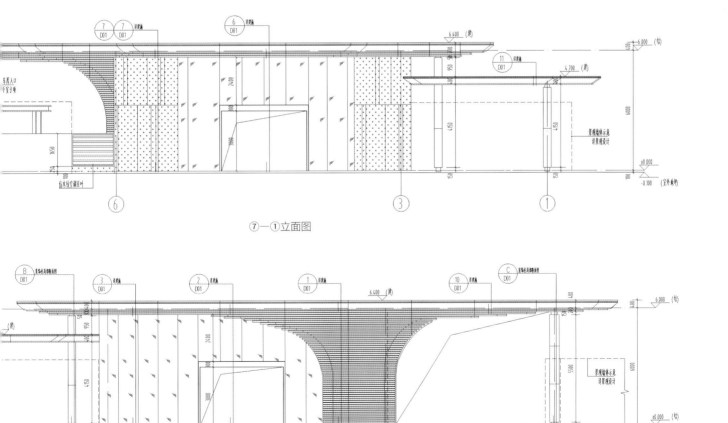

⑦—①立面图

①—⑦立面图

案例 5

实景图

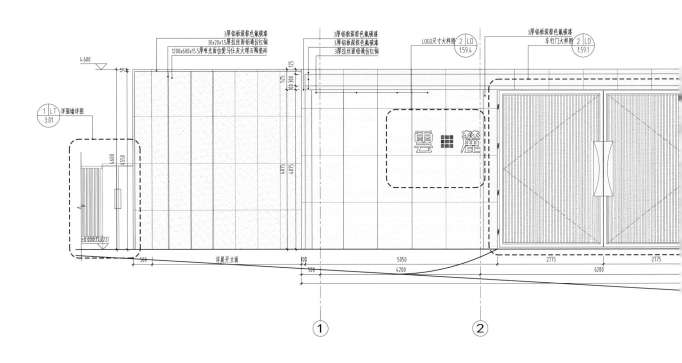

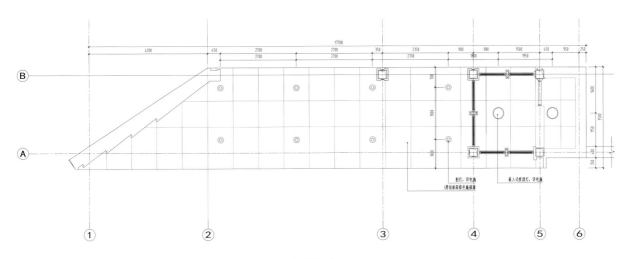

天花平面图

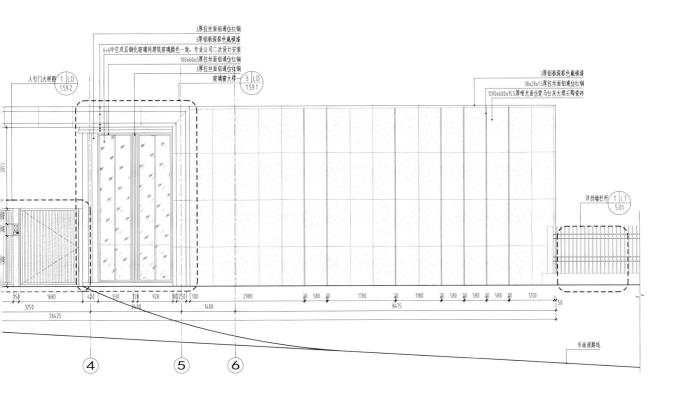

正立面图

案例6

实景图

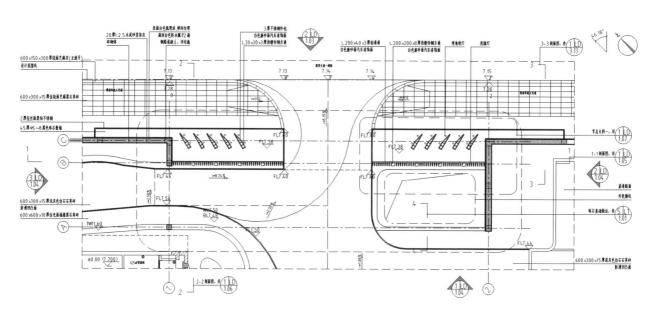

竖向及索引平面图

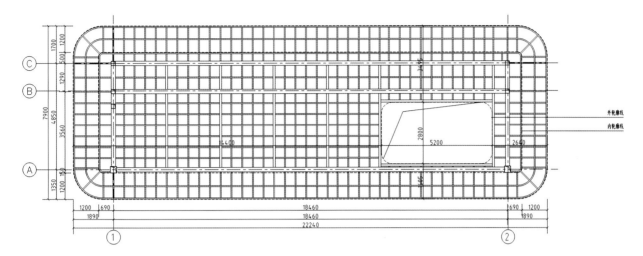

龙骨布置平面图

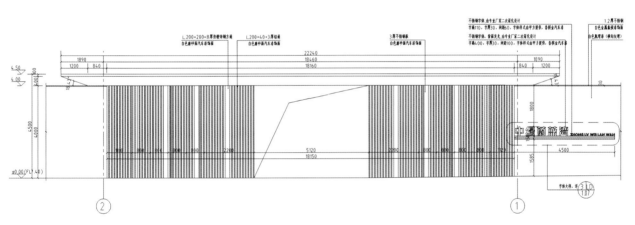

1-1 剖面图

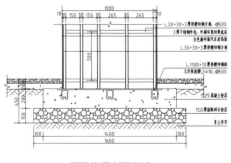

屏风格栅剖面做法

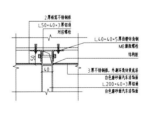

铝通格栅顶部固定大样图

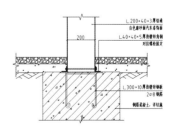

铝通格栅底部固定大样图

案例 7

实景图

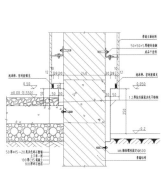

景墙不锈钢收脚详图 1

景墙不锈钢收脚详图 2

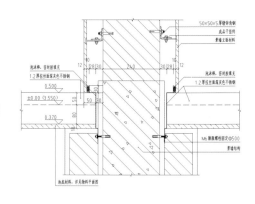

景墙不锈钢收脚详图 3

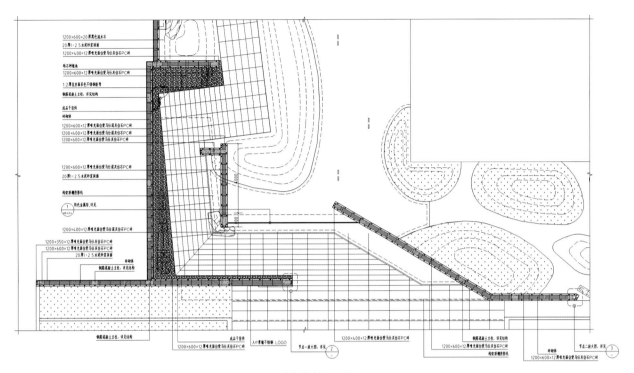

1200×600×20厚黑色流水石
20厚1:2.5水泥砂浆面
1200×400×12厚哑光面仿爱马仕灰仿石PC砖

苗石种植池
1200×600×12厚哑光面仿爱马仕灰仿石PC砖

1.2厚拉丝面茶色不锈钢折弯

钢筋混凝土支柱,详见结构

成品干挂件
砖砌体
1200×600×12厚哑光面仿爱马仕灰仿石PC砖
1200×400×12厚哑光面仿爱马仕灰仿石PC砖
1200×600×12厚哑光面仿爱马仕灰仿石PC砖

1200×600×12厚哑光面仿爱马仕灰仿石PC砖
20厚1:2.5水泥砂浆面
构架顶部收边机
特色金属帘,详见 ① a-12s

1200×400×12厚哑光面仿爱马仕灰仿石PC砖

1200×350×12厚哑光面仿爱马仕灰仿石PC砖
1200×600×12厚哑光面仿爱马仕灰仿石PC砖
20厚1:2.5水泥砂浆面
钢筋混凝土支柱,详见结构

砖砌体

钢筋混凝土支柱,详见结构
1200×600×12厚哑光面仿爱马仕灰仿石PC砖　成品干挂件　入口墙不锈钢 LOGO　节点一放大图,详见 ②　1200×400×12厚哑光面仿爱马仕灰仿石PC砖　钢筋混凝土支柱,详见结构　1200×600×12厚哑光面仿爱马仕灰仿石PC砖　砖砌体　节点二放大图,详见 ③
1200×600×12厚哑光面仿爱马仕灰仿石PC砖

大门物料平面图

12厚哑光面仿爱马仕灰仿石PC砖

1.2厚拉丝面深灰色不锈钢折弯

M6膨胀螺栓固定

1.2厚拉丝面茶色不锈钢折弯

节点一放大图

1200×190×12厚哑光面仿爱马仕灰仿石PC砖
1200×160×12厚哑光面仿爱马仕灰仿石PC砖

1.2厚拉丝面深灰色不锈钢折弯

1200×160×12厚哑光面仿爱马仕灰仿石PC砖

节点二放大图

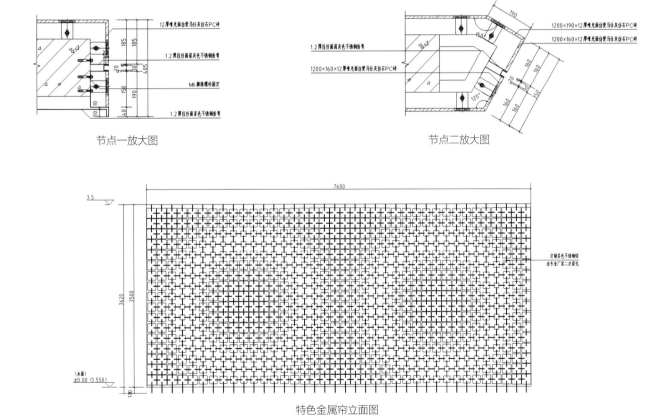

7600

3.5

3620
3500

定制茶色不锈钢帘
由专业厂家二次深化

±0.00 (3.550)
(水面)

特色金属帘立面图

案例 8

实景图

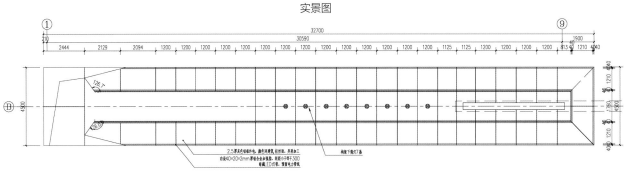

天花平面图

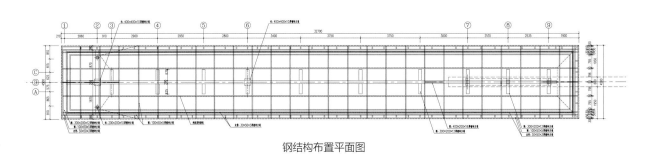

钢结构布置平面图

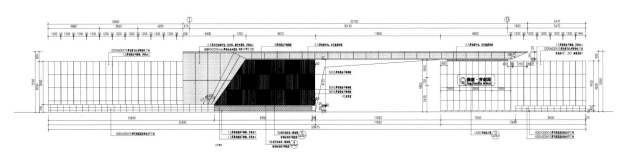

正立面图

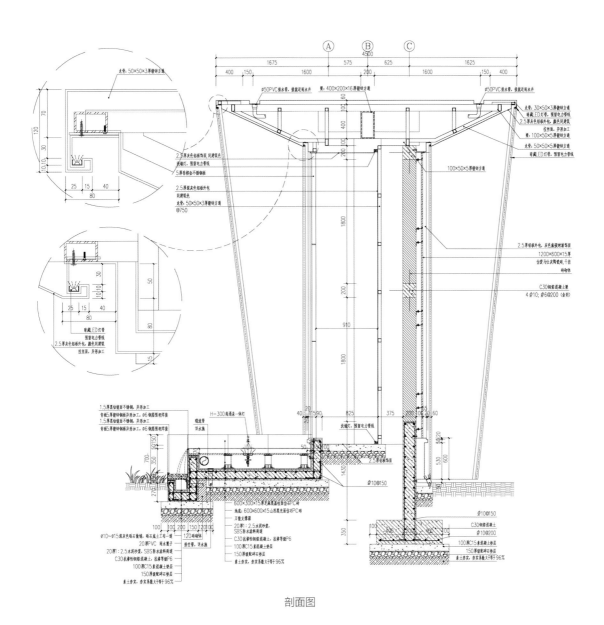

剖面图

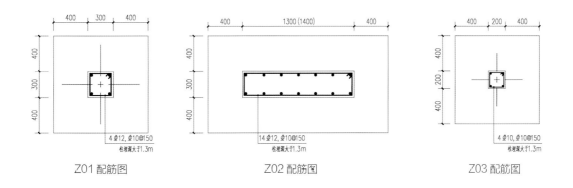

Z01 配筋图   Z02 配筋图   Z03 配筋图

案例 9

实景图

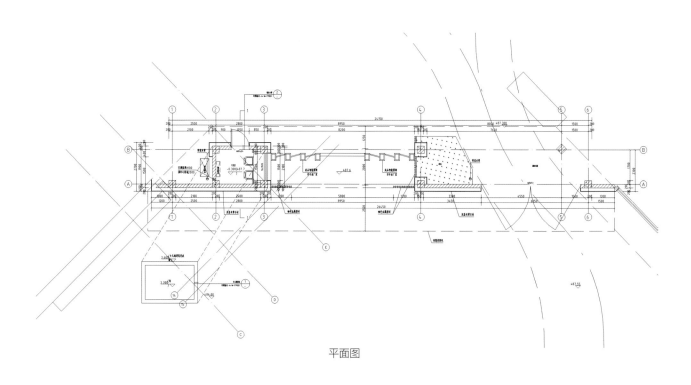

平面图

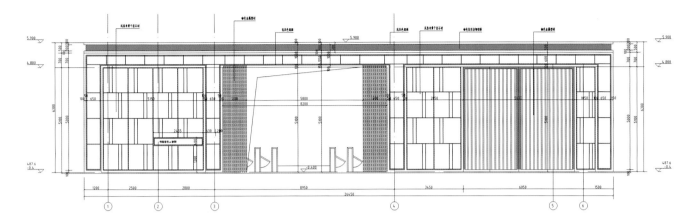

①-④立面图

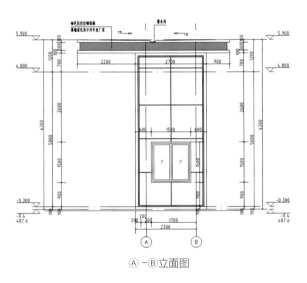

Ⓐ-Ⓑ立面图

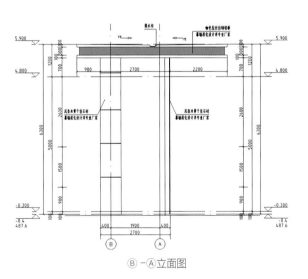

Ⓑ-Ⓐ立面图

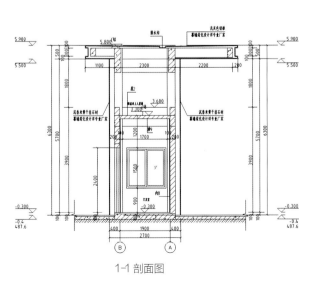

1-1剖面图

案例 10

实景图

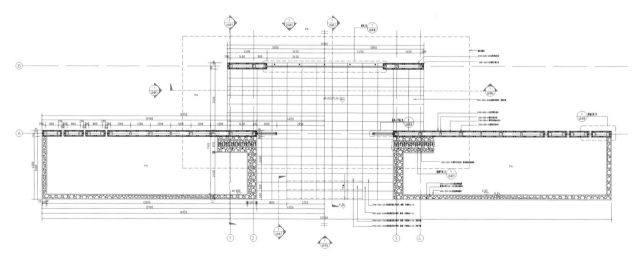

底层平面图

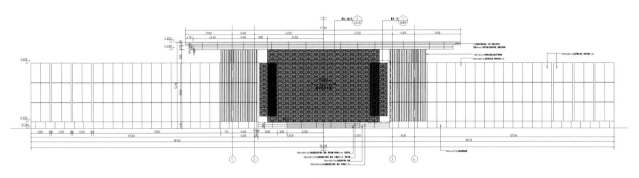

正立面图

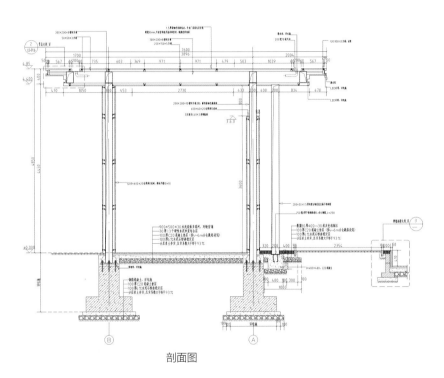

剖面图

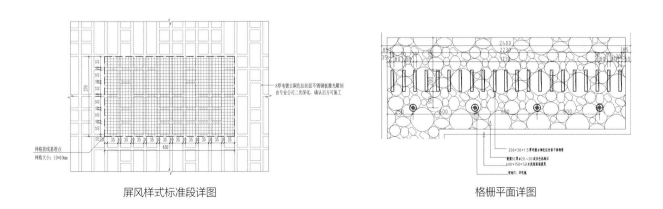

屏风样式标准段详图   格栅平面详图

案例 11

实景图

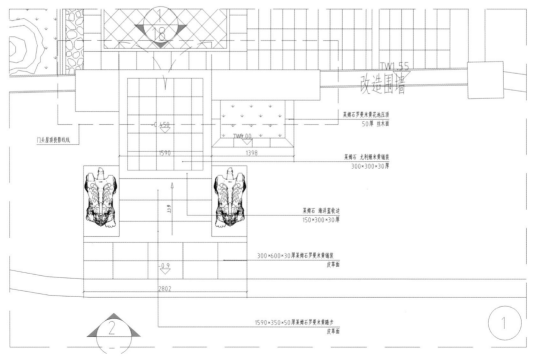

平面图

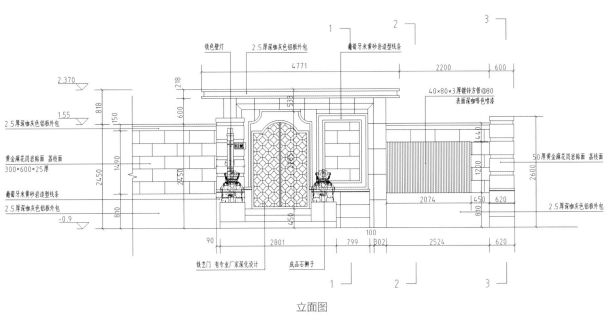

立面图

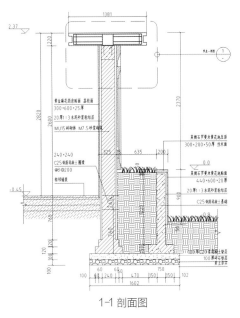

1-1 剖面图

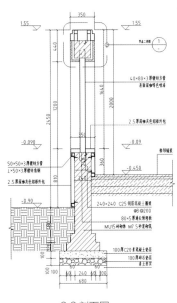

2-2 剖面图

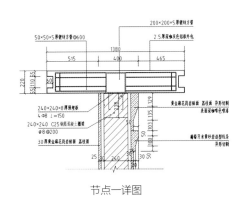

节点一详图

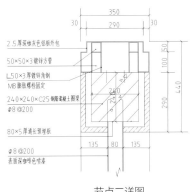

节点二详图

2

铺装

案例 1

实景图

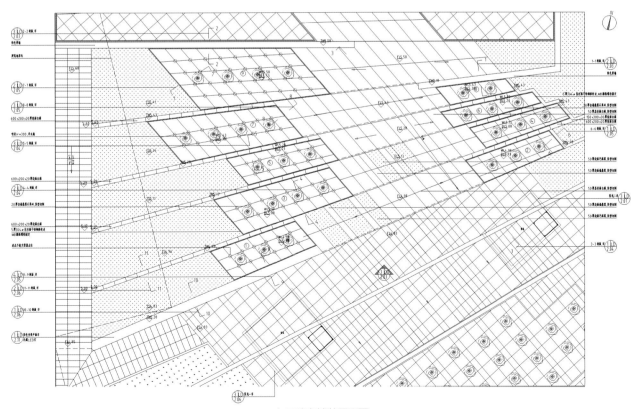

入口喷泉铺装平面图

案例 2

效果图

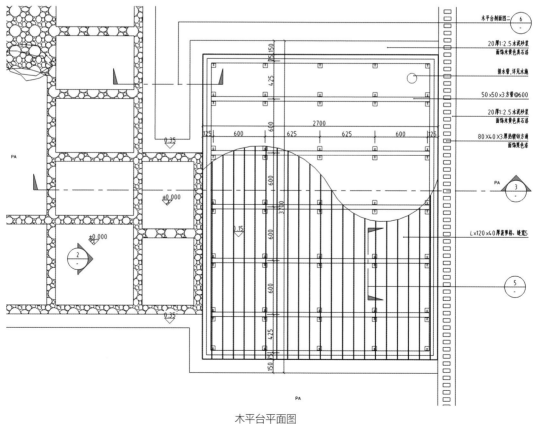

木平台平面图

木平台剖面图二 ⑥

20厚1:2.5水泥砂浆
面饰米黄色真石漆

排水管,详见水施

50×50×3方管@600

20厚1:2.5水泥砂浆
面饰米黄色真石漆

80×40×3厚热镀锌方通
面饰黑色漆

L×120×40厚实木格,缝宽5

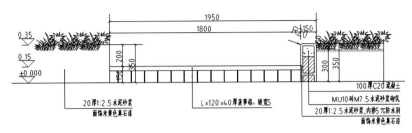

木平台立面图

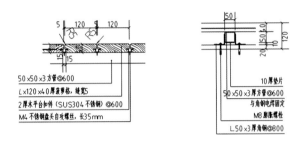

木板拼接大样图　　　　　节点大样图

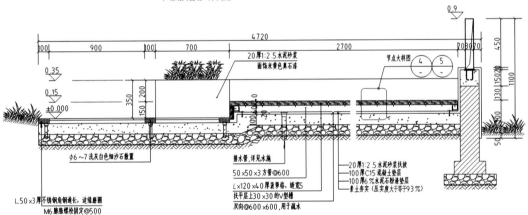

木平台剖面图 1

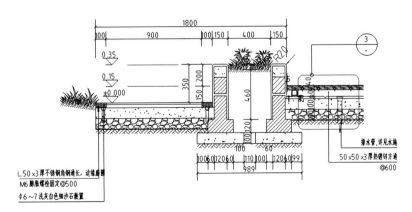

木平台剖面图 2

案例 3

效果图

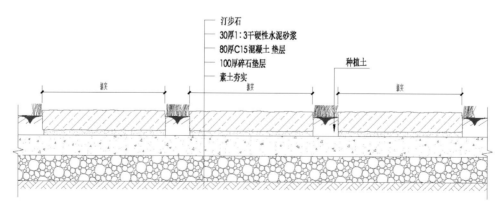

汀步石
30厚1:3干硬性水泥砂浆
80厚C15混凝土 垫层
100厚碎石垫层
素土夯实

种植土

夯实

汀步做法

案例 4

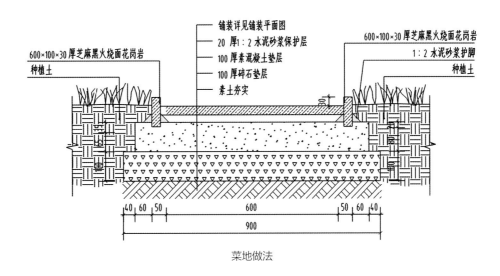

600×100×30厚芝麻黑火烧面花岗岩
种植土

铺装详见铺装平面图
20 厚1:2水泥砂浆保护层
100 厚素混凝土垫层
100 厚碎石垫层
素土夯实

600×100×30厚芝麻黑火烧面花岗岩
1:2 水泥砂浆护脚
种植土

40 60 50 | 600 | 50 60 40
900

菜地做法

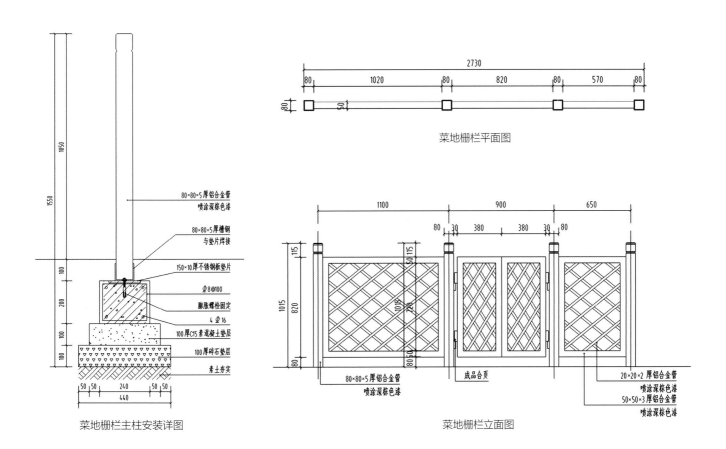

1050
1550

80×80×5厚铝合金管
喷涂深棕色漆
80×80×5厚槽钢
与垫片焊接
150×10厚不锈钢板垫片
φ8@100
膨胀螺栓固定
4 φ16
100厚C15素混凝土垫层
100厚碎石垫层
素土夯实

100 | 200 | 100 | 100

50 50 | 240 | 50 50
440

菜地栅栏主柱安装详图

2730
80 | 1020 | 80 | 820 | 80 | 570 | 80
80
50

菜地栅栏平面图

1100 | 900 | 650
80 30 380 380 30 80
115
115
50
1015 820 1015 720
50
80

80×80×5厚铝合金管
喷涂深棕色漆
成品合页
20×20×2厚铝合金管
喷涂深棕色漆
50×50×3厚铝合金管
喷涂深棕色漆

菜地栅栏立面图

案例 5

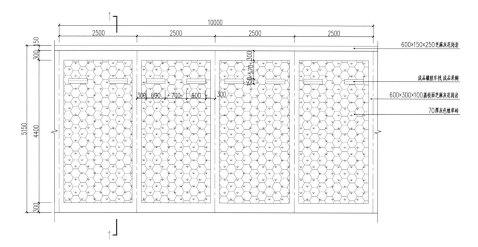

生态停车位平面图 1

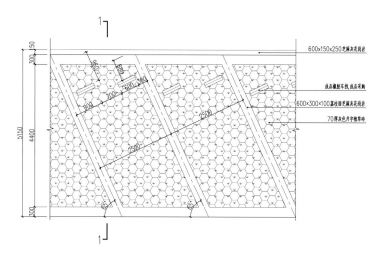

生态停车位平面图 2

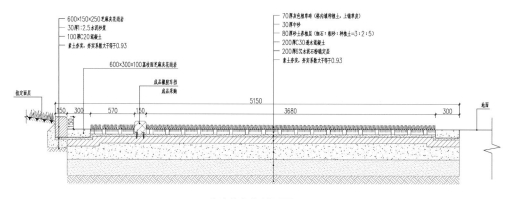

生态停车位剖面图

案例6

实景图

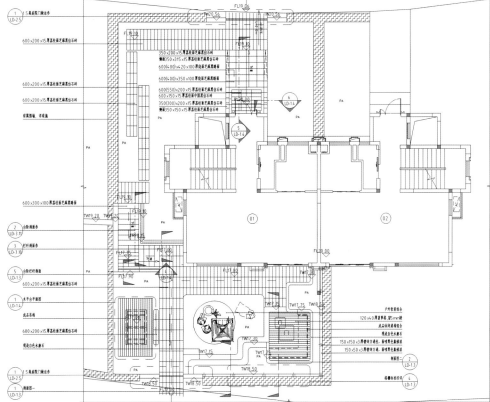

铺装平面图

案例 7

实景图

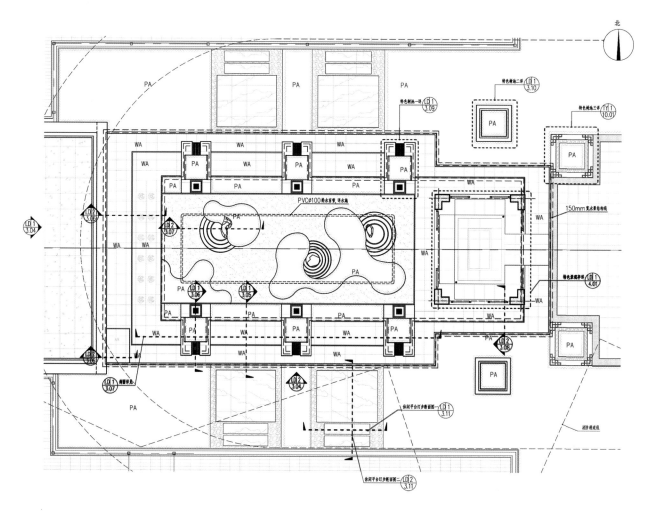

物料和竖向平面图

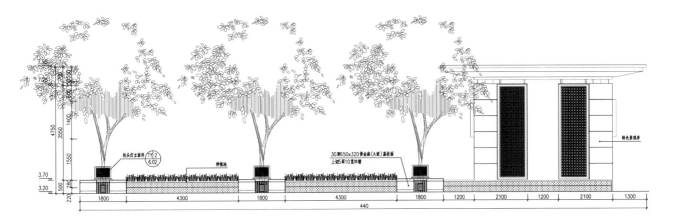

中轴立面图

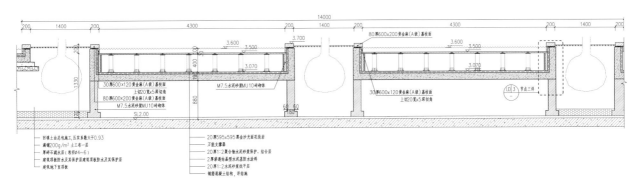

剖面图

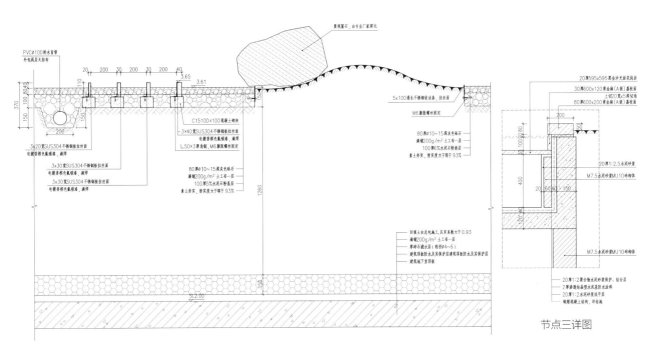

枯山水圆圈造型剖面图

节点三详图

案例 8

实景图

枯山水尺寸及索引平面图

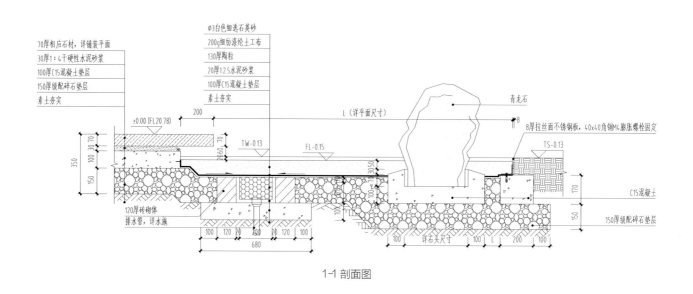

70厚相应石材,详铺装平面
30厚1:4干硬性水泥砂浆
100厚C15混凝土垫层
150厚级配碎石垫层
素土夯实

Ø3白色细选石英砂
200g细纺涤纶土工布
130厚陶粒
20厚1:2.5水泥砂浆
100厚C15混凝土垫层
素土夯实

青龙石

8厚拉丝面不锈钢板,40x40角钢M4膨胀螺栓固定

C15混凝土

150厚级配碎石垫层

120厚砖砌体
排水管,详水施

1-1 剖面图

案例9

实景图

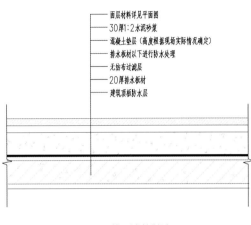

面层材料详见平面图
30厚1:2水泥砂浆
混凝土垫层(高度根据现场实际情况确定)
排水板材以下进行防水处理
无纺布过滤层
20厚排水板材
建筑顶板防水层

屋顶花园铺装做法

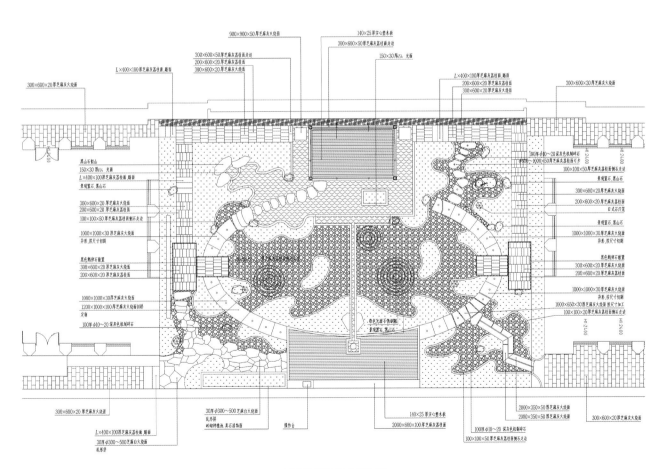

屋顶花园物料总平面图

案例 10

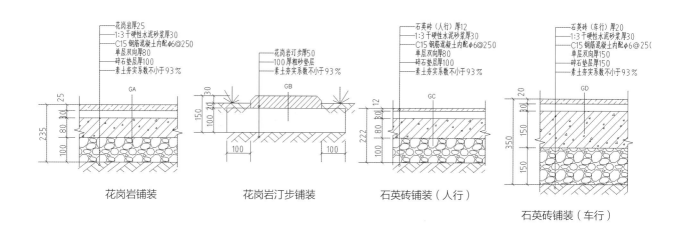

花岗岩铺装

花岗岩汀步铺装

石英砖铺装（人行）

石英砖铺装（车行）

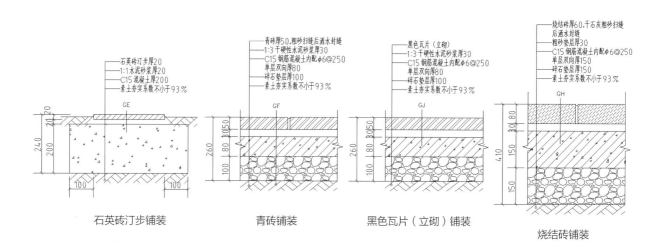

石英砖汀步铺装

青砖铺装

黑色瓦片（立砌）铺装

烧结砖铺装

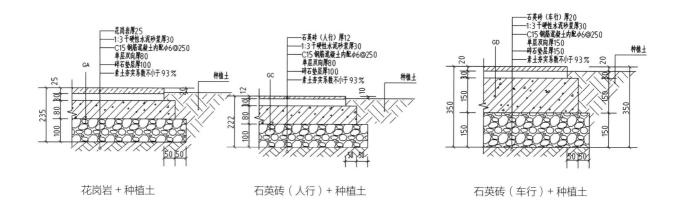

花岗岩＋种植土

石英砖（人行）＋种植土

石英砖（车行）＋种植土

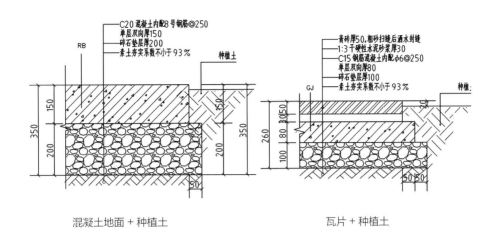

混凝土地面 + 种植土

瓦片 + 种植土

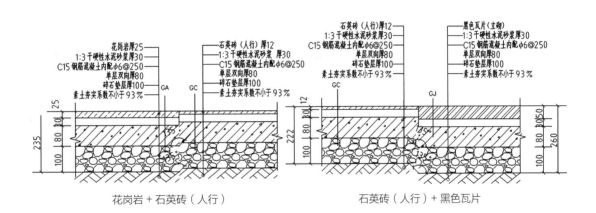

花岗岩 + 石英砖（人行）

石英砖（人行）+ 黑色瓦片

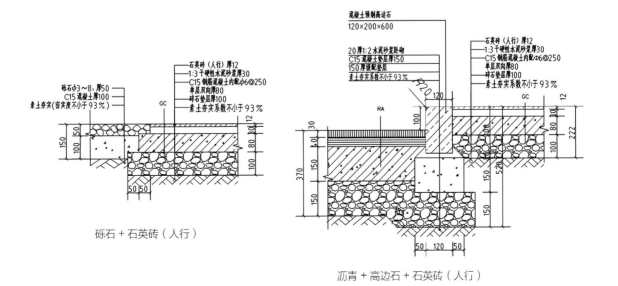

砾石 + 石英砖（人行）

沥青 + 高边石 + 石英砖（人行）

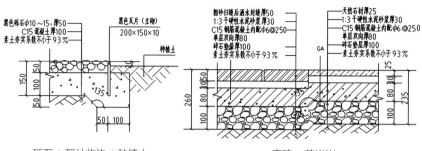

黑色砾石φ10～15，厚50
C15混凝土厚100
素土夯实系数不小于93%

黑色瓦片（立砌）
200×150×10

种植土

砾石＋瓦片收边＋种植土

粗砂扫缝后灌水封缝厚50
1:3干硬性水泥砂浆厚30
C15钢筋混凝土内配φ6@250
单层双向厚80
碎石垫层厚100
素土夯实系数不小于93%

天然石材厚25
1:3干硬性水泥砂浆厚30
C15钢筋混凝土内配φ6@250
单层双向厚80
碎石垫层厚100
素土夯实系数不小于93%

青砖＋花岗岩

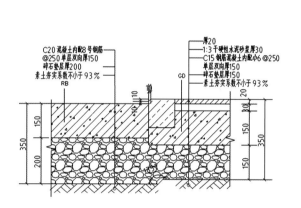

C20混凝土内配8号钢筋
@250单层双向厚150
碎石垫层厚200
素土夯实系数不小于93%

厚20
1:3干硬性水泥砂浆厚30
C15钢筋混凝土内配φ6@250
单层双向厚150
碎石垫层厚150
素土夯实系数不小于93%

混凝土地面＋平边石＋石英砖（车行）

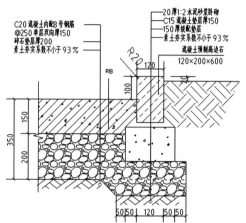

C20混凝土内配8号钢筋
@250单层厚150
碎石垫层厚200
素土夯实系数不小于93%

20厚1:2水泥砂浆卧砌
C15混凝土垫层厚150
150厚级配垫层
素土夯实系数不小于93%

混凝土预制高边石
120×200×600

混凝土地面＋高边石＋草

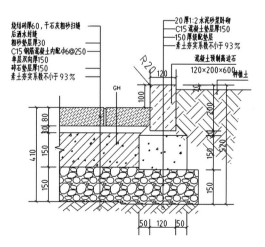

烧结砖厚60，干石灰粗砂扫缝
后灌水封缝
粗砂垫层厚30
C15钢筋混凝土内配φ6@250
单层双向厚150
碎石垫层厚150
素土夯实系数不小于93%

20厚1:2水泥砂浆卧砌
C15混凝土垫层厚150
150厚级配垫层
素土夯实系数不小于93%

混凝土预制高边石
120×200×600

种植土

烧结砖＋高边石＋种植土

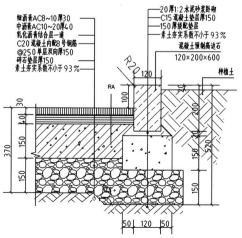

细沥青AC8～10厚30
中沥青AC10～20厚40
乳化沥青结合层一道
C20混凝土内配8号钢筋
@250单层双向厚150
碎石垫层厚150
素土夯实系数不小于93%

20厚1:2水泥砂浆卧砌
C15混凝土垫层厚150
150厚级配垫层
素土夯实系数不小于93%

混凝土预制高边石
120×200×600

种植土

沥青＋高边石＋草

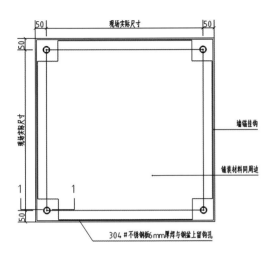

隐形铺装井盖平面图

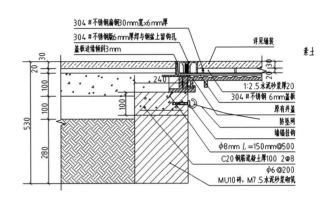

1-1 剖面图

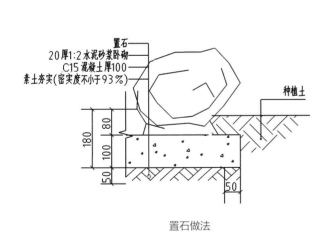

置石做法

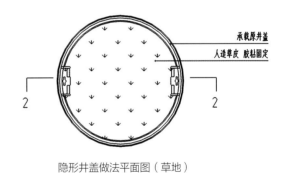

隐形井盖做法平面图（草地）

2-2 剖面图

3

水景·桥

案例 1

实景图

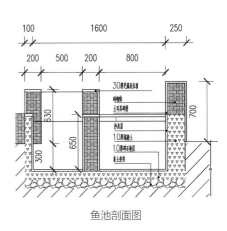

鱼池剖面图

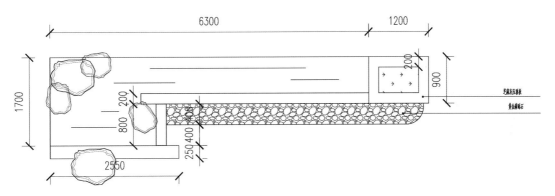

鱼池平面图

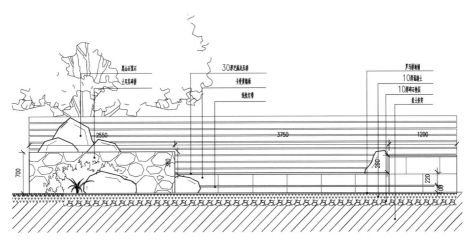

鱼池立面图

案例 2

实景图

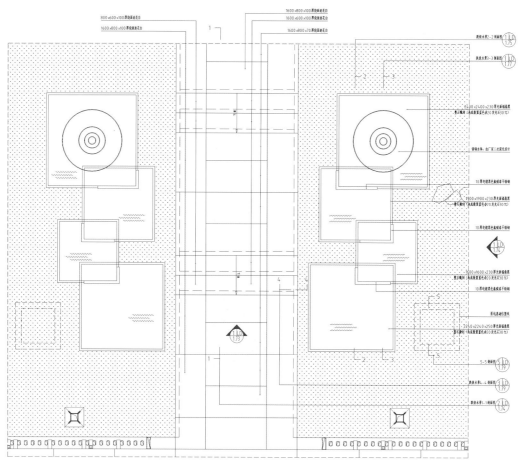

铺装索引平面图

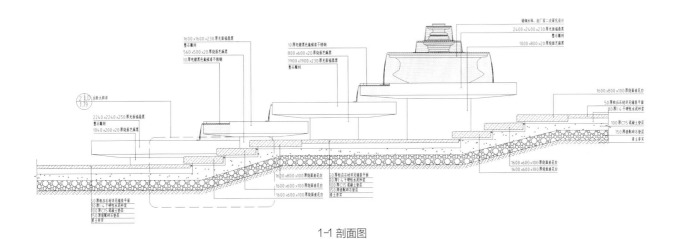

1-1 剖面图

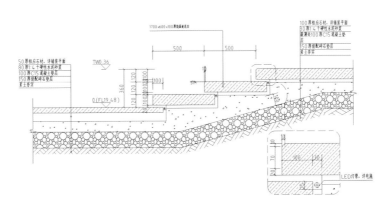

台阶大样图

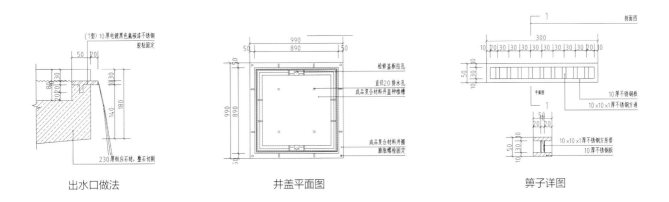

出水口做法　　　　　井盖平面图　　　　　算子详图

案例 3

实景图

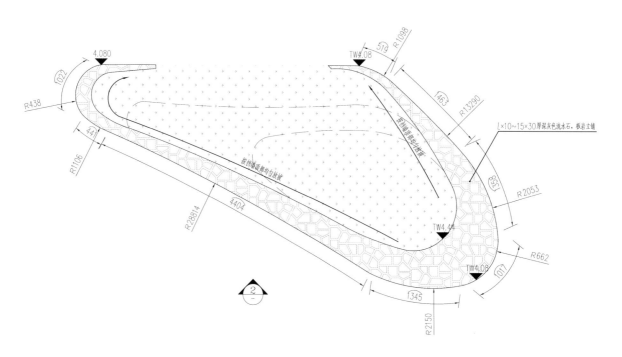

异型流水石花坛平面图

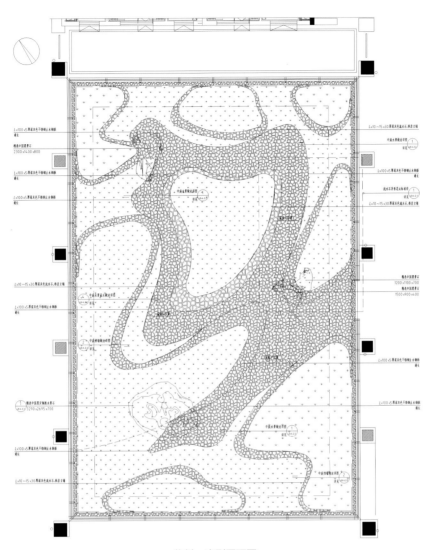

物料、索引平面图

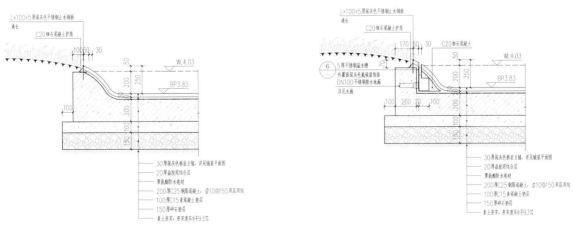

水景做法　　　　　　　　　　　　　　　水景溢水做法

案例 4

实景图

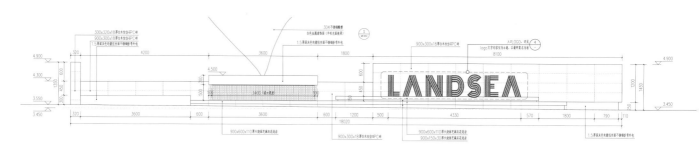

雕塑水景立面图

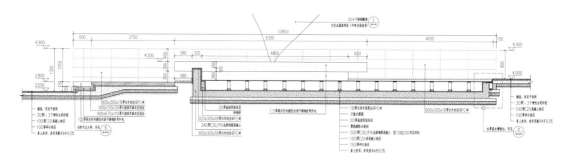

雕塑水景剖面图

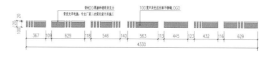

入口 LOGO 平面图

案例 5

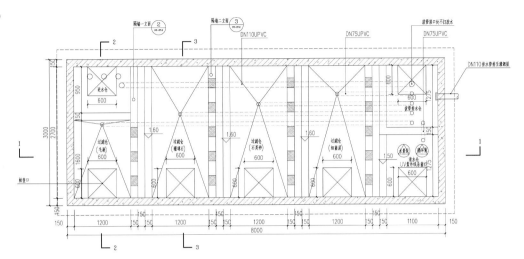

过滤池平面图

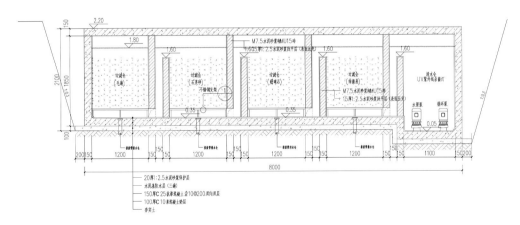

1-1 剖面图

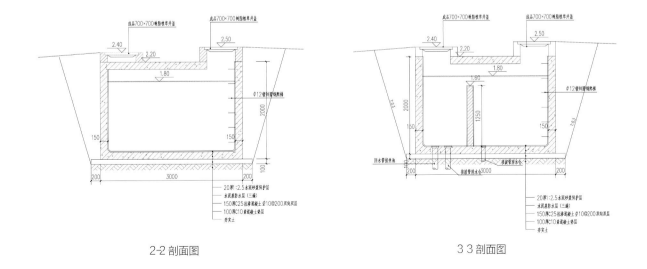

2-2 剖面图　　　　　　　　　　　3-3 剖面图

案例 6

实景图

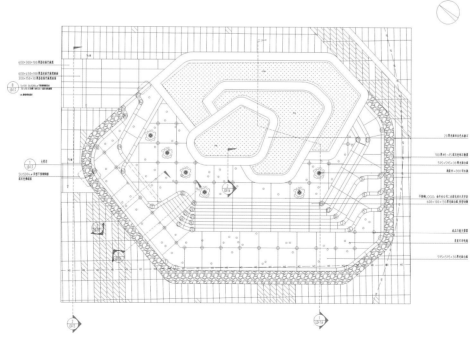

铺装索引平面图

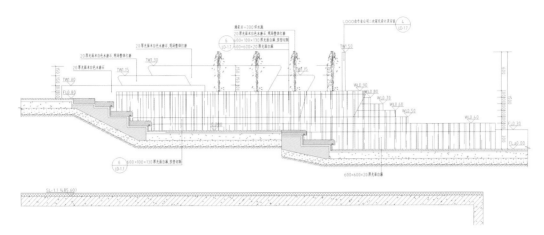

剖面图 1

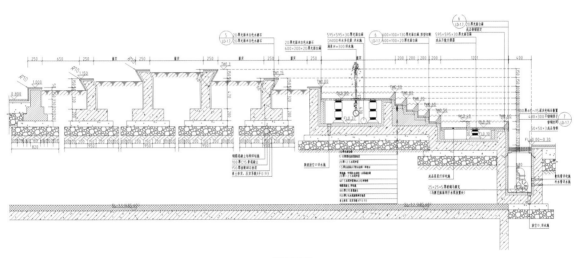

剖面图 2

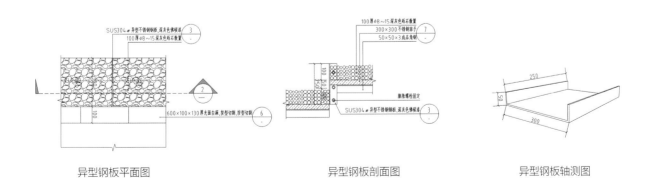

异型钢板平面图　　　　　异型钢板剖面图　　　　　异型钢板轴测图

案例 7

实景图

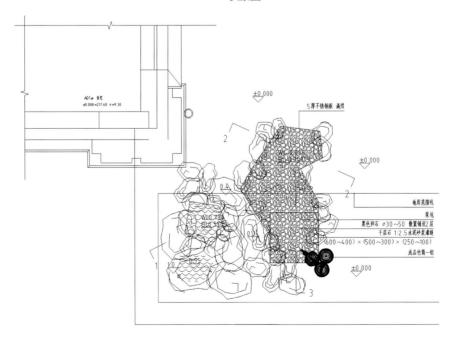

平面图

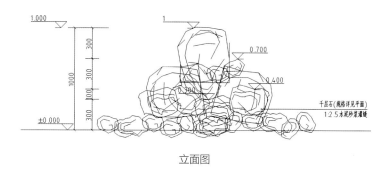

立面图

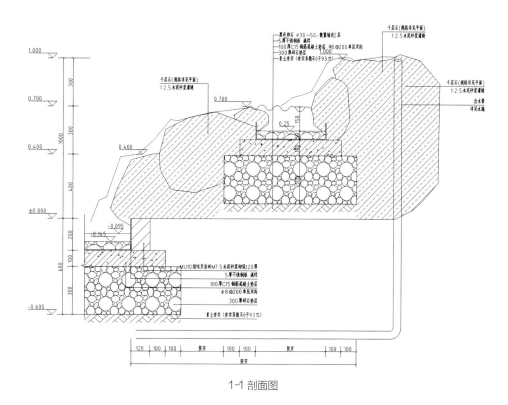

千层石(规格详见平面)
1:2.5水泥砂浆灌缝

黑色卵石 Φ30~50,散置铺设2层
5厚不锈钢板 满焊
100厚C15钢筋混凝土垫层 Φ8@200单层双向
300厚碎石垫层
素土夯实(夯实系数不小于93%)

千层石(规格详见平面)
1:2.5水泥砂浆灌缝

千层石(规格详见平面)
1:2.5水泥砂浆灌缝
出水景
详见水施

MU10烧结页岩砖M7.5水泥砂浆砌筑120厚
5厚不锈钢板 满焊
100厚C15钢筋混凝土垫层
Φ8@200单层双向
300厚碎石垫层

素土夯实(夯实系数不小于93%)

1-1 剖面图

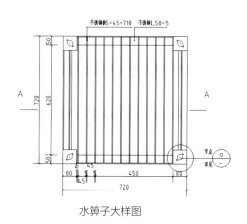

不锈钢板5×45×710   不锈钢L50×5

节点
详见

水算子大样图

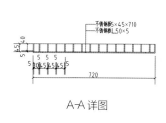

不锈钢板5×45×710
不锈钢L50×5

A-A 详图

案例 8

效果图

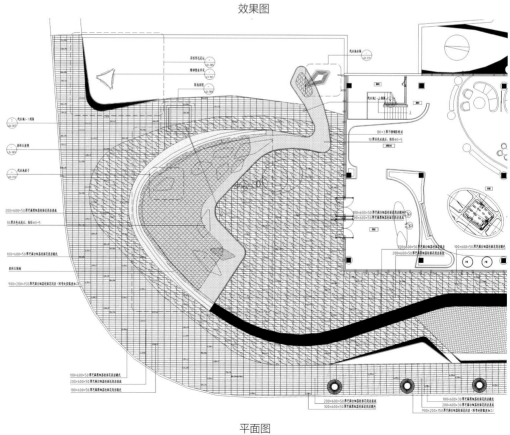

平面图

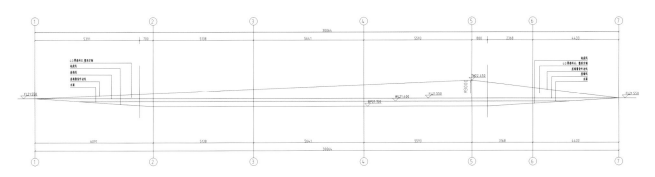

坐凳立面图

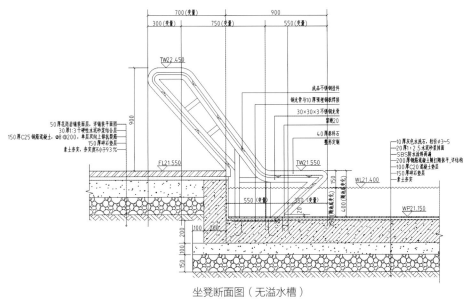

坐凳断面图（无溢水槽）

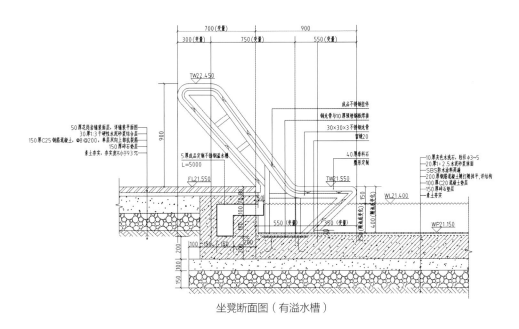

坐凳断面图（有溢水槽）

案例 9

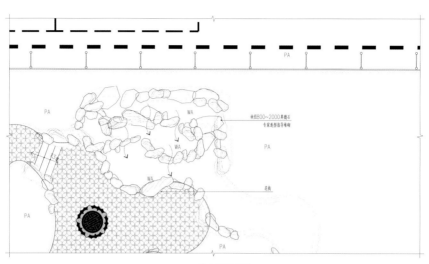

物料平面图

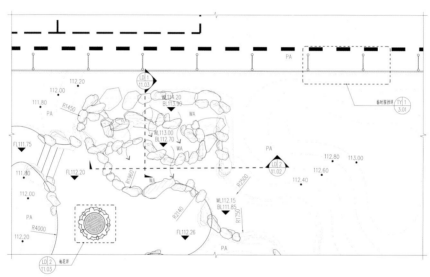

尺寸、标高及索引平面图

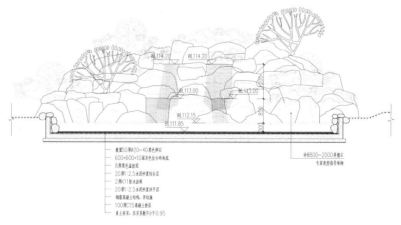

剖面图 1

实景图

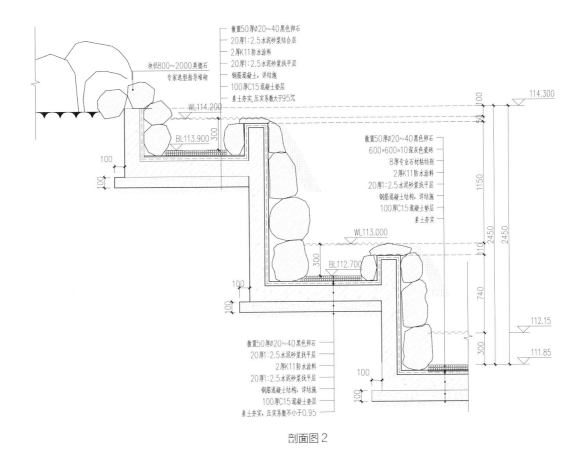

散置50厚Ø20~40黑色卵石
20厚1:2.5水泥砂浆结合层
2厚K11防水涂料
20厚1:2.5水泥砂浆找平层
钢筋混凝土,详结施
100厚C15混凝土垫层
素土夯实,压实系数大于95%

块径800~2000英德石
专家选型指导堆砌

WL114.200

114.300

BL113.900

100

散置50厚Ø20~40黑色卵石
600×600×10深灰色瓷砖
8厚专业石材粘结剂
2厚K11防水涂料
20厚1:2.5水泥砂浆找平层
钢筋混凝土结构,详结施
100厚C15混凝土垫层
素土夯实

1150

100

100

WL113.000

2450

2450

BL112.700

740

112.15

散置50厚Ø20~40黑色卵石
20厚1:2.5水泥砂浆找平层
2厚K11防水涂料
20厚1:2.5水泥砂浆找平层
钢筋混凝土结构,详结施
100厚C15混凝土垫层
素土夯实,压实系数不小于0.95

100

100

300

111.85

剖面图2

057

实景图

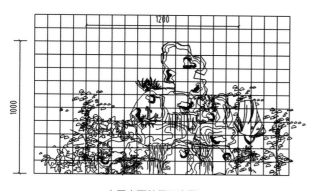

水景立面效果示意图

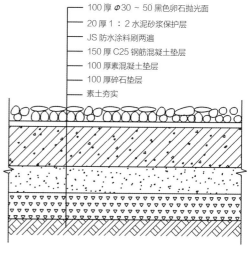

- 100 厚 φ30 ~ 50 黑色卵石抛光面
- 20 厚 1：2 水泥砂浆保护层
- JS 防水涂料刷两遍
- 150 厚 C25 钢筋混凝土垫层
- 100 厚素混凝土垫层
- 100 厚碎石垫层
- 素土夯实

池底做法

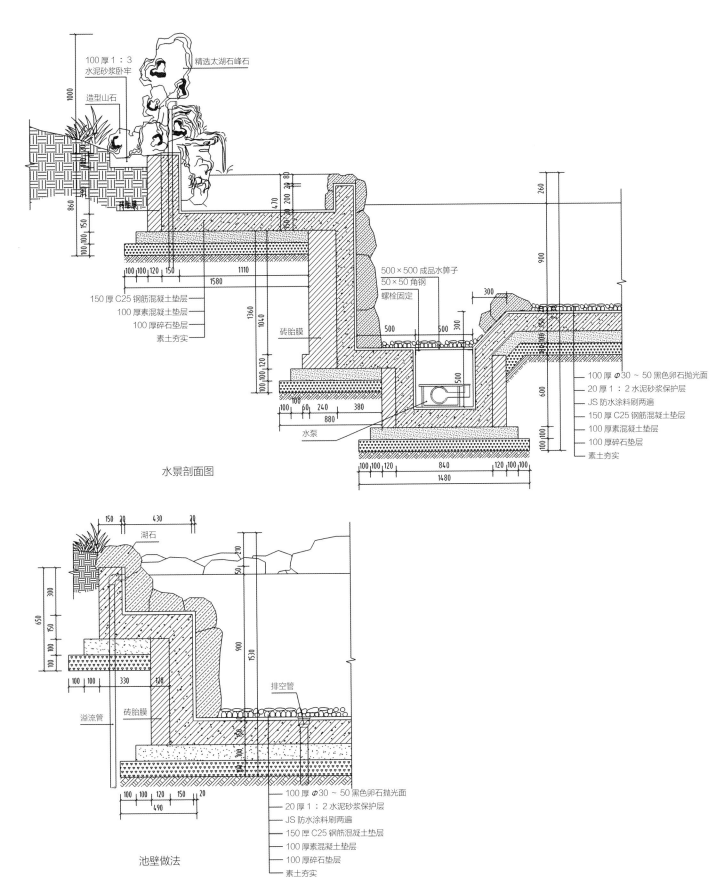

100 厚 1：3
水泥砂浆卧牢

精选太湖石峰石

造型山石

150 厚 C25 钢筋混凝土垫层
100 厚素混凝土垫层
100 厚碎石垫层
素土夯实

500×500 成品水箅子
50×50 角钢
螺栓固定

砖胎膜

水泵

100 厚 ∅30 ～ 50 黑色卵石抛光面
20 厚 1：2 水泥砂浆保护层
JS 防水涂料刷两遍
150 厚 C25 钢筋混凝土垫层
100 厚素混凝土垫层
100 厚碎石垫层
素土夯实

水景剖面图

湖石

排空管

溢流管

砖胎膜

100 厚 ∅30 ～ 50 黑色卵石抛光面
20 厚 1：2 水泥砂浆保护层
JS 防水涂料刷两遍
150 厚 C25 钢筋混凝土垫层
100 厚素混凝土垫层
100 厚碎石垫层
素土夯实

池壁做法

案例 11

实景图

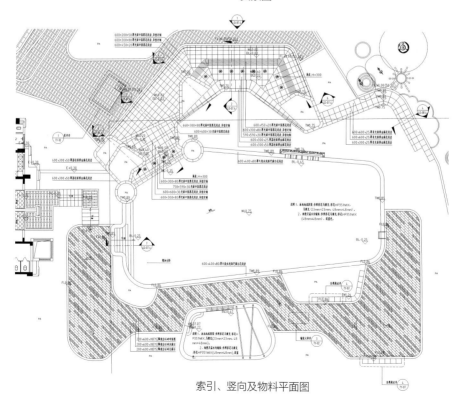

索引、竖向及物料平面图

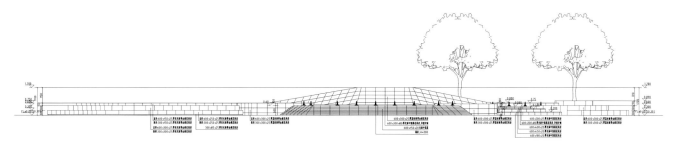

立面图

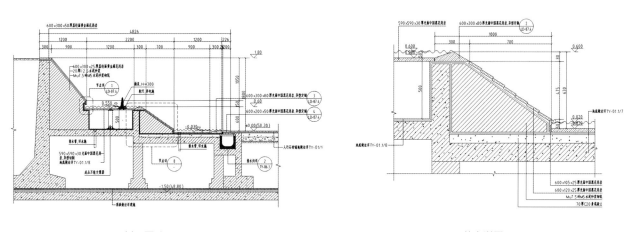

剖面图 1

节点详图

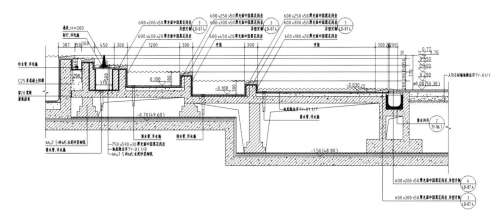

剖面图 2

案例 12

实景图

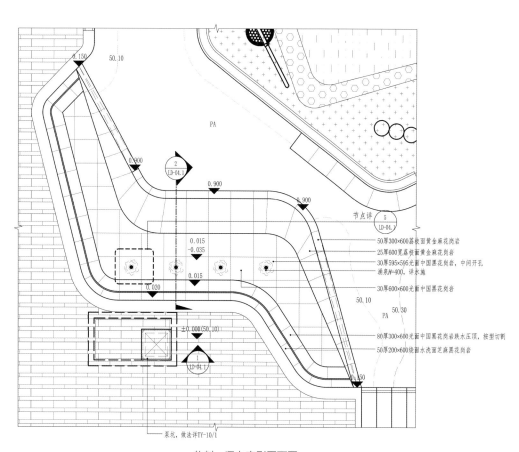

50厚300×600荔枝面黄金麻花岗岩
25厚600宽蘑枝面黄金麻花岗岩
30厚595×595光面中国黑花岗岩，中间开孔
涌泉H=400，详水施
30厚600×600光面中国黑花岗岩

80厚300×600光面中国黑花岗岩跌水压顶，按型切割
50厚200×600烧面水洗面芝麻黑花岗岩

物料、竖向索引平面图

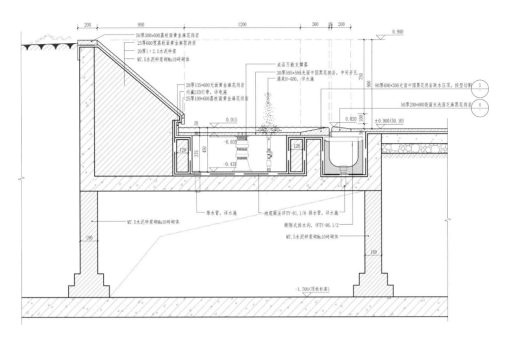

剖面图

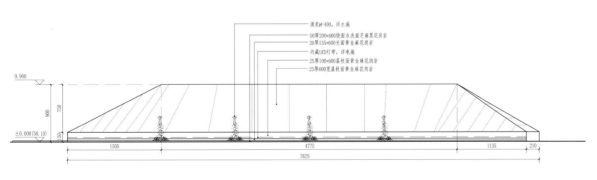

立面图

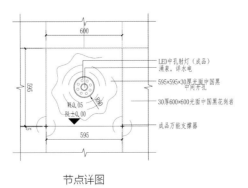

节点详图

案例 13

实景图

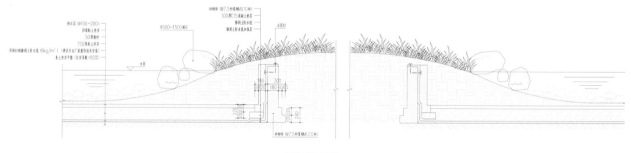

绿岛剖面图

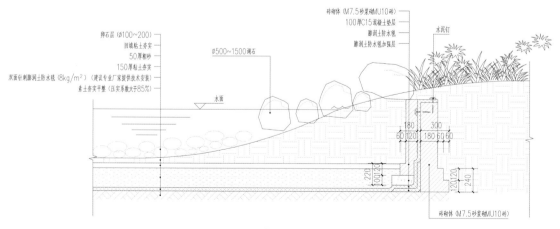

驳岸剖面图

案例 14

实景图

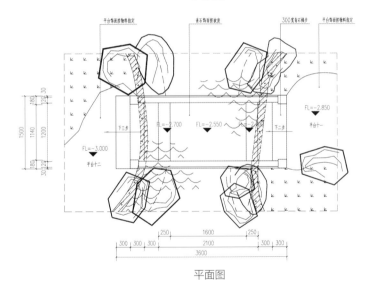

平面图

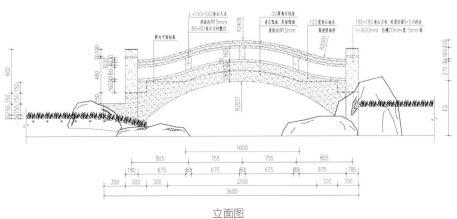

立面图

实景图

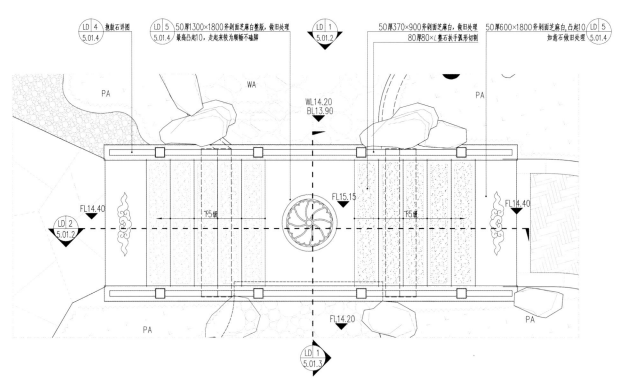

铺装及竖向平面图

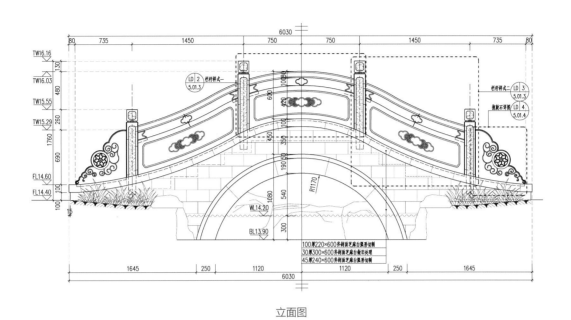

立面图

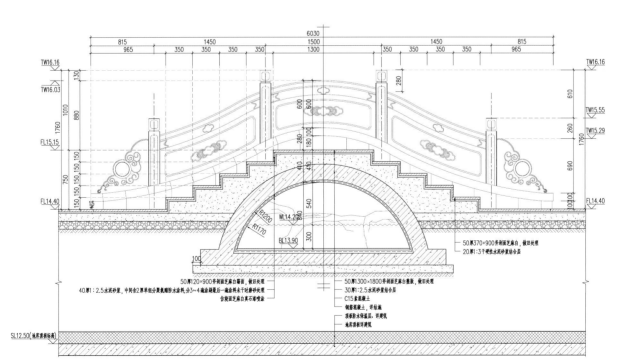

剖面图

4

景墙

案例 1

实景图

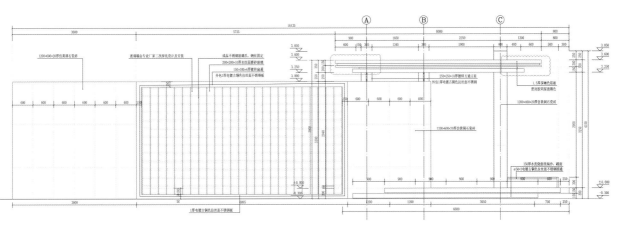

立面图 1

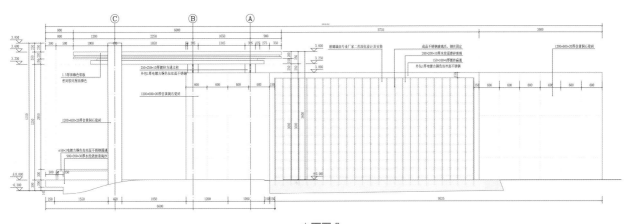

立面图 2

案例 2

实景图

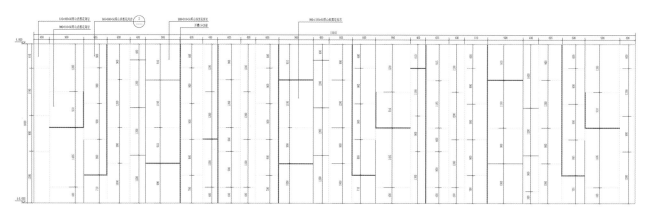

景墙立面大样图

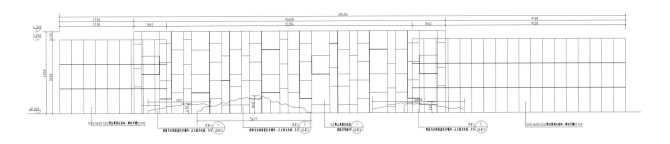

景墙正立面图

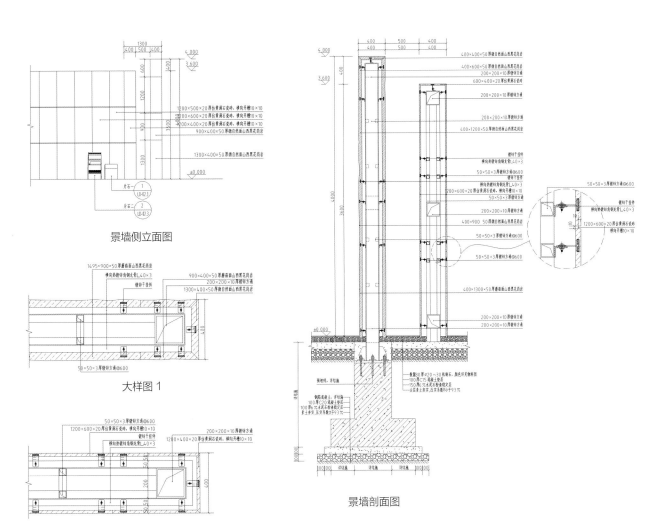

景墙侧立面图

大样图 1

大样图 2

景墙剖面图

案例 3

实景图

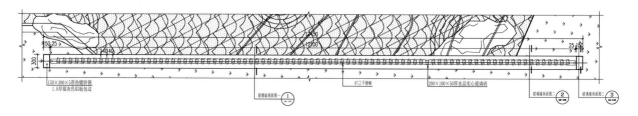

平面图

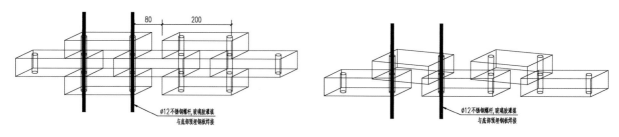

玻璃砖摆放位置示意图

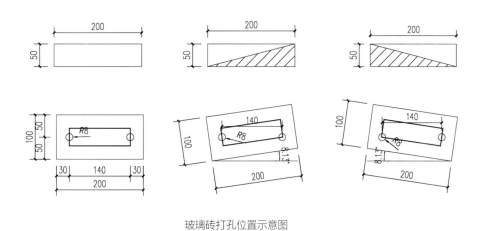

玻璃砖打孔位置示意图

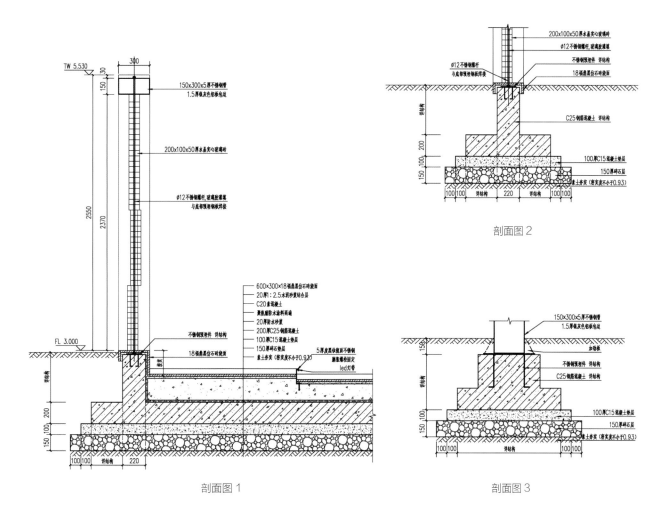

剖面图 1

剖面图 2

剖面图 3

案例 4

实景图 1

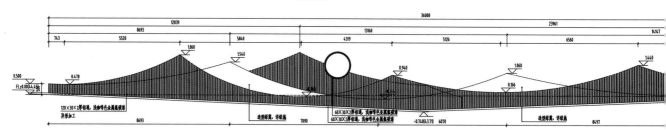

第一层格栅展开正立面图

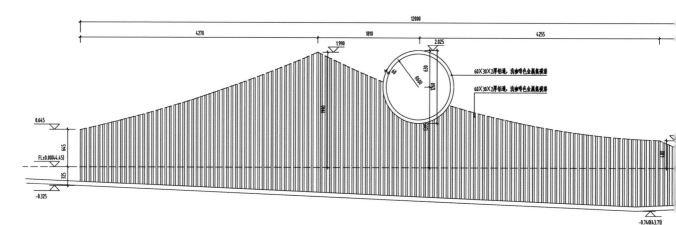

第二层格栅展开正立面图

实景图2

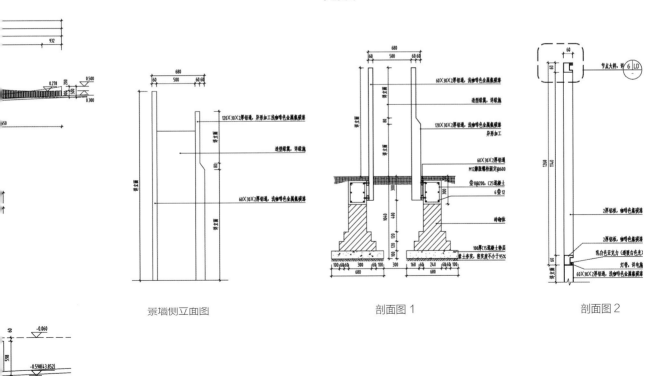

景墙侧立面图   剖面图1   剖面图2

案例 5

实景图

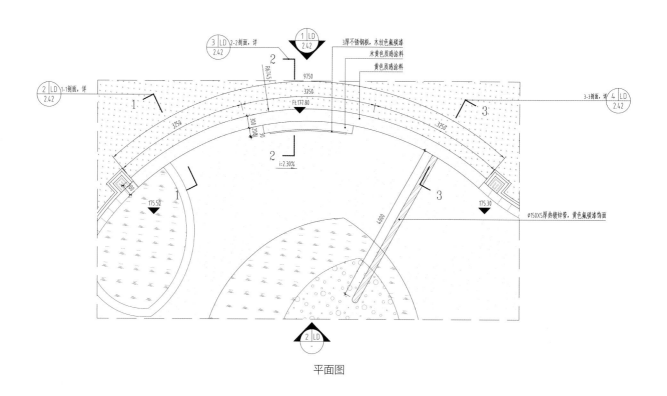

平面图

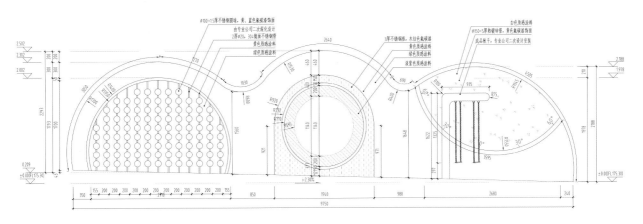

正立面图

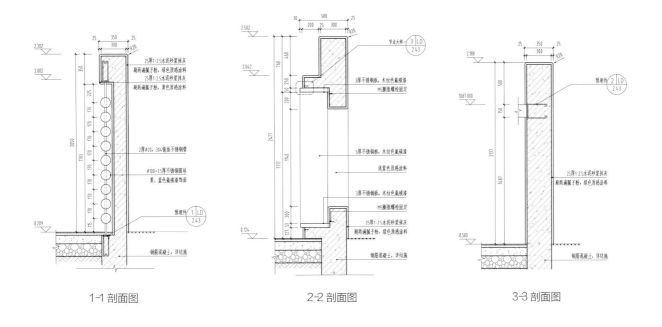

1-1 剖面图

2-2 剖面图

3-3 剖面图

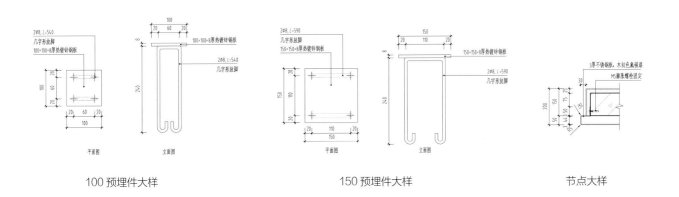

平面图　立面图

100 预埋件大样

平面图　立面图

150 预埋件大样

节点大样

案例 6

实景图

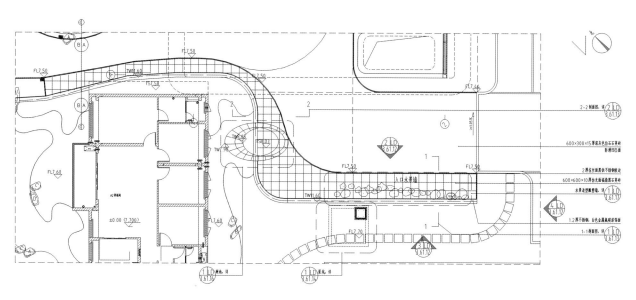

景墙顶平面图

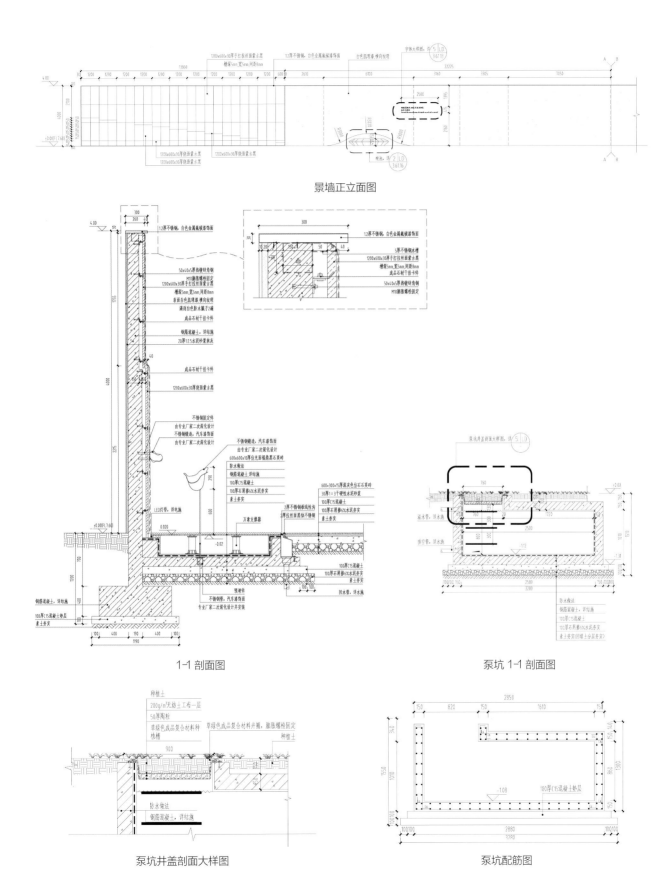

景墙正立面图

1-1 剖面图

泵坑 1-1 剖面图

泵坑井盖剖面大样图

泵坑配筋图

案例 7

实景图

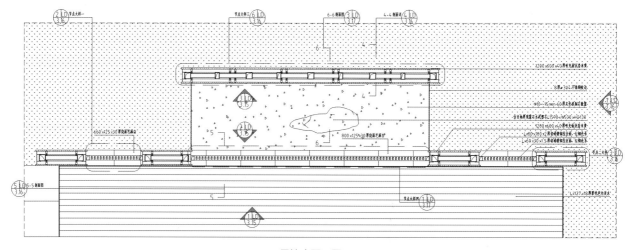

景墙底平面图

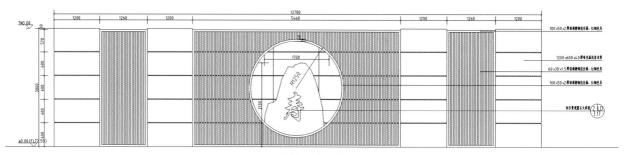

景墙正立面图

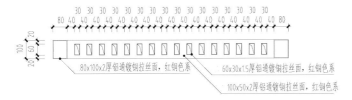

节点大样图 1

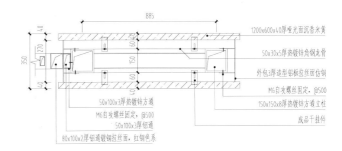

节点大样图 2

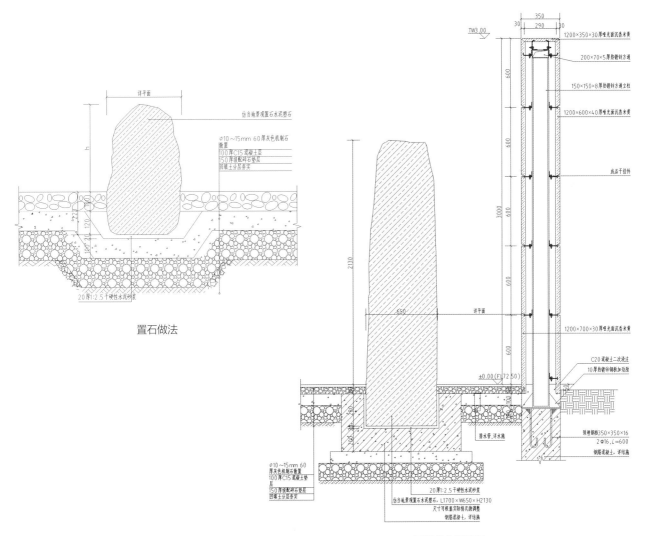

置石做法

景墙 6-6 剖面图

案例 8

实景图

景墙底平面图

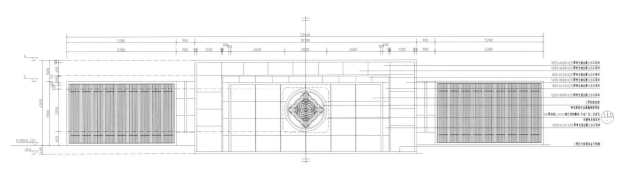

景墙正立面图

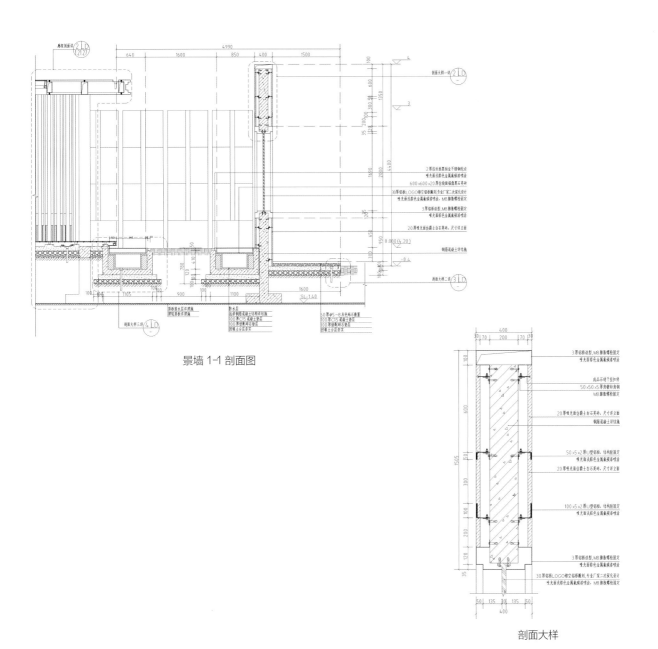

景墙 1-1 剖面图

剖面大样

案例 9

实景图

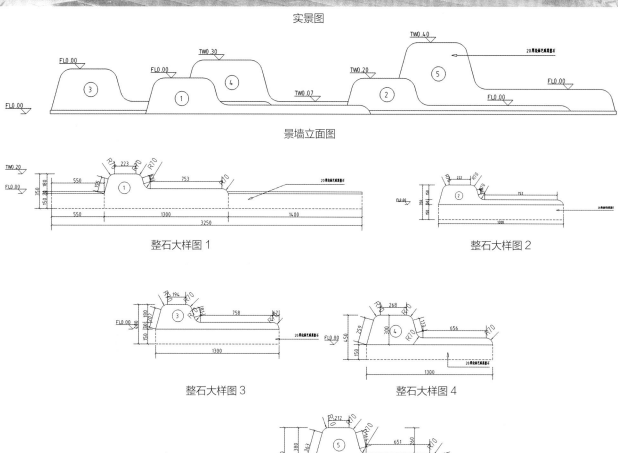

景墙立面图

整石大样图 1

整石大样图 2

整石大样图 3

整石大样图 4

整石大样图 5

案例 10

实景图

月洞门围墙平面图

月洞门围墙立面图

案例 11

实景图

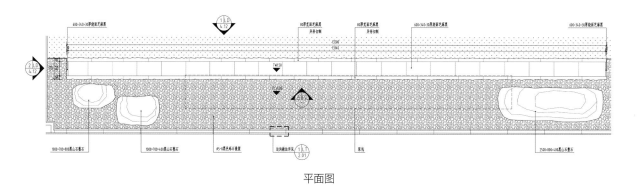

平面图

正立面图

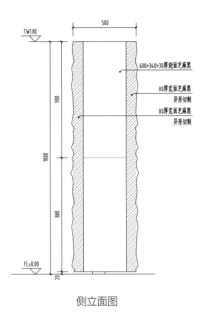

600×340×30厚烧面芝麻黑

80厚荒面芝麻黑
异形切割
80厚荒面芝麻黑
异形切割

侧立面图

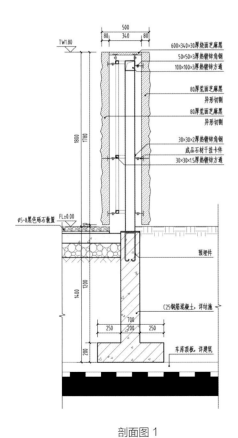

600×340×30厚烧面芝麻黑
50×50×3厚热镀锌角钢
100×100×3厚热镀锌方通

80厚荒面芝麻黑
异形切割
80厚荒面芝麻黑
异形切割

30×30×2厚热镀锌角钢
成品石材干挂卡件
30×30×1.5厚热镀锌方通

φ5-8黑色砾石散置

预埋件

C25钢筋混凝土,详结施

车库顶板,详建筑

剖面图1

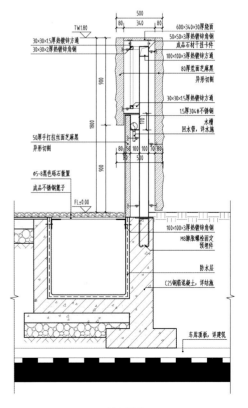

30×30×1.5厚热镀锌方通
30×30×2厚热镀锌角钢

600×340×30厚烧面
50×50×3厚热镀锌角钢
成品石材干挂卡件
100×100×3厚热镀锌方通

80厚荒面芝麻黑
异形切割

30×30×1.5厚热镀锌方通

1.5厚304#不锈钢
水槽
回水管,详水施

50厚手打拉丝面芝麻黑
异形切割

φ5-8黑色砾石散置
成品不锈钢箅子

100×100×3厚热镀锌角钢
M8膨胀螺栓固定
预埋件

防水层

C25钢筋混凝土,详结施

车库顶板,详建筑

剖面图2

案例 12

实景图

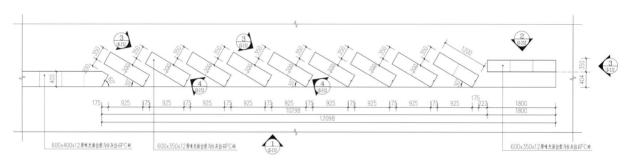

片墙顶平面图

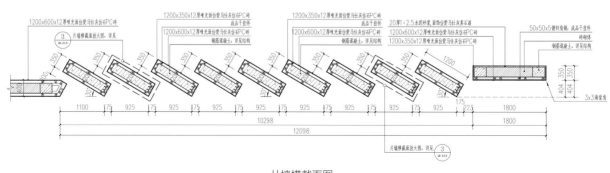

片墙横截面图

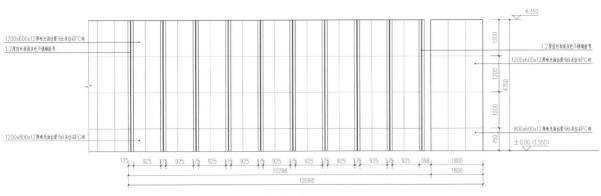

1200x600x12厚哑光面仿爱马仕灰仿石PC砖
1.2厚拉丝面深灰色不锈钢折弯

1.2厚拉丝面深灰色不锈钢折弯
1200x600x12厚哑光面仿爱马仕灰仿石PC砖

800x600x12厚哑光面仿爱马仕灰仿石PC砖

1200x800x12厚哑光面仿爱马仕灰仿石PC砖

片墙正立面图

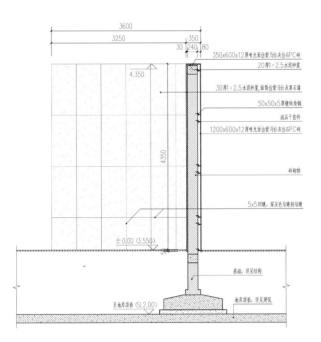

350x600x12厚哑光面仿爱马仕灰仿石PC砖
20厚1：2.5水泥砂浆
30厚1：2.5水泥砂浆，面饰爱马仕灰真石漆
50x50x5厚镀锌角钢
成品干挂件
1200x600x12厚哑光面仿爱马仕灰仿石PC砖

砖砌体

5x5凹缝，深灰色勾缝剂勾缝

基础，详见结构

至地库顶板(SL2.00)
地库顶板，详见建筑

剖面图 1

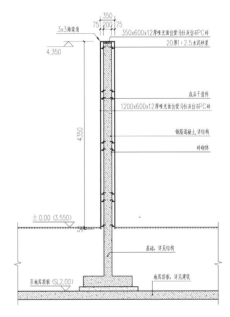

3x3海棠角
350x600x12厚哑光面仿爱马仕灰仿石PC砖
20厚1：2.5水泥砂浆

成品干挂件
1200x600x12厚哑光面仿爱马仕灰仿石PC砖

钢筋混凝土，详见结构

砖砌体

基础，详见结构

至地库顶板(SL2.00)
地库顶板，详见建筑

剖面图 2

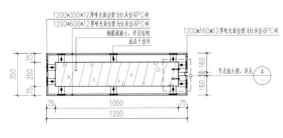

1200x350x12厚哑光面仿爱马仕灰仿石PC砖
1200x600x12厚哑光面仿爱马仕灰仿石PC砖
钢筋混凝土，详见结构
成品干挂件

1200x160x12厚哑光面仿爱马仕灰仿石PC砖

节点放大图，详见 ④

横截面放大图

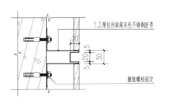

1.2厚拉丝面深灰色不锈钢折弯

膨胀螺栓固定

节点放大图

案例 13

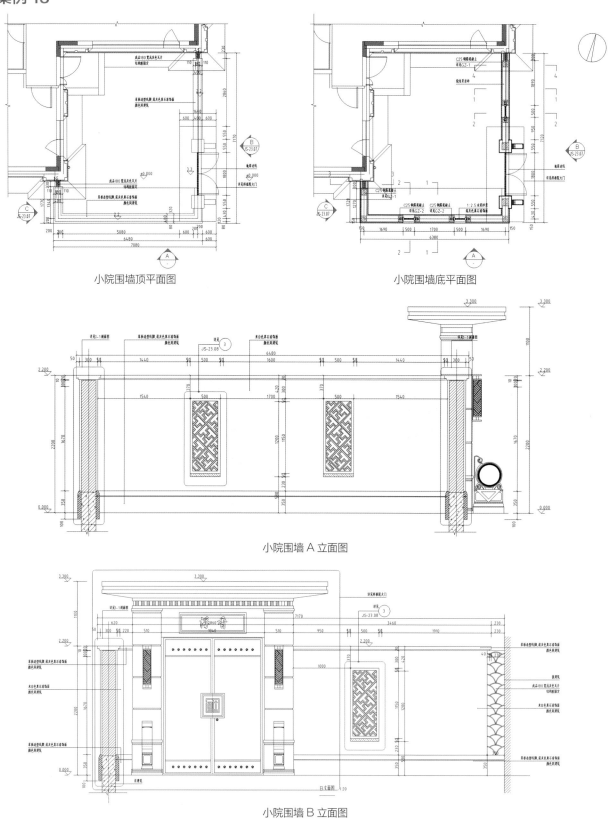

小院围墙顶平面图

小院围墙底平面图

小院围墙 A 立面图

小院围墙 B 立面图

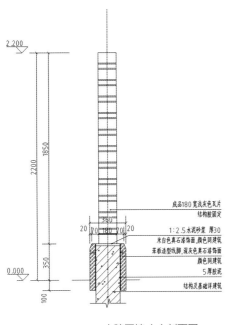

小院围墙 1-1 剖面图

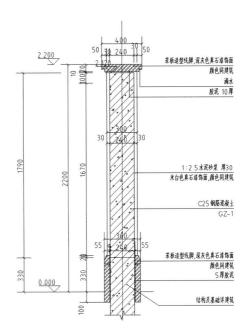

小院围墙 2-2 剖面图

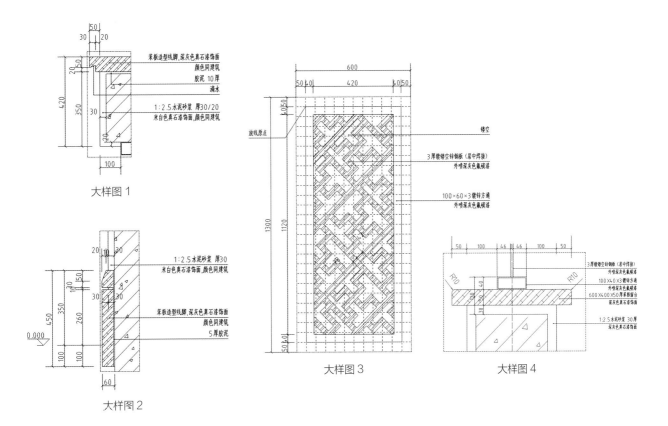

大样图 1

大样图 2

大样图 3

大样图 4

案例 14

实景图

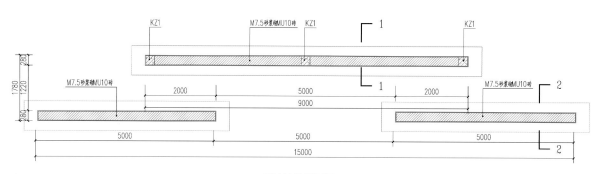

景墙结构平面图

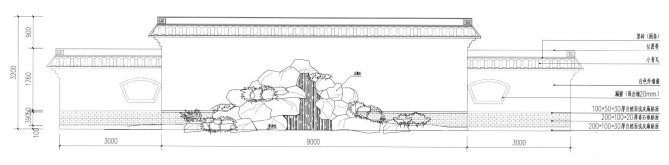

景墙正立面图

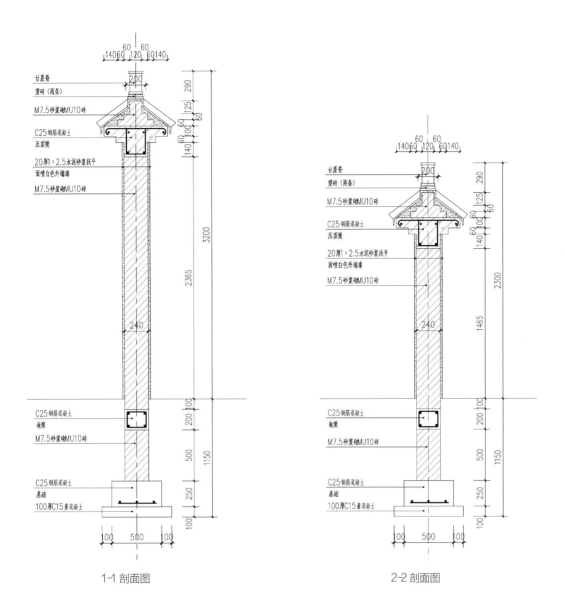

甘蔗脊
望砖（两条）
M7.5砂浆砌MU10砖
C25钢筋混凝土
压顶梁
20厚1:2.5水泥砂浆找平
面喷白色外墙漆
M7.5砂浆砌MU10砖

C25钢筋混凝土
地梁
M7.5砂浆砌MU10砖

C25钢筋混凝土
基础
100厚C15素混凝土

1-1 剖面图

甘蔗脊
望砖（两条）
M7.5砂浆砌MU10砖
C25钢筋混凝土
压顶梁
20厚1:2.5水泥砂浆找平
面喷白色外墙漆
M7.5砂浆砌MU10砖

C25钢筋混凝土
地梁
M7.5砂浆砌MU10砖

C25钢筋混凝土
基础
100厚C15素混凝土

2-2 剖面图

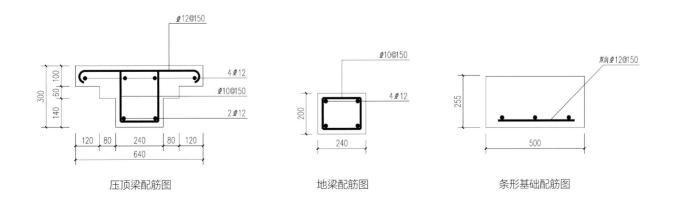

压顶梁配筋图

地梁配筋图

条形基础配筋图

案例 15

实景图

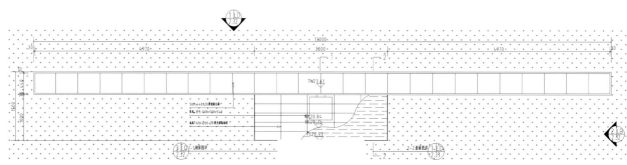

景墙平面图

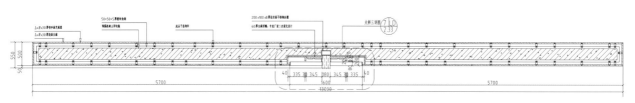

景墙剖平面图

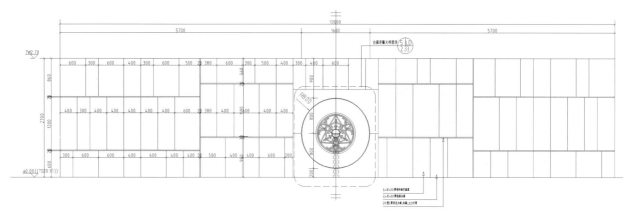

景墙立面图

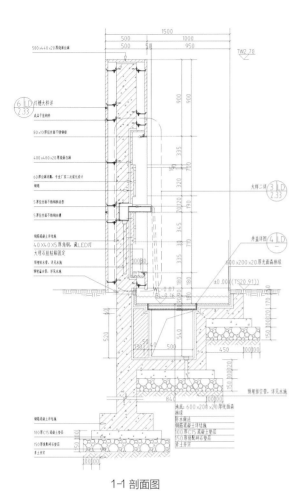

1-1 剖面图

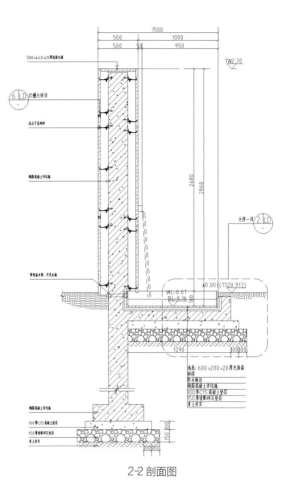

2-2 剖面图

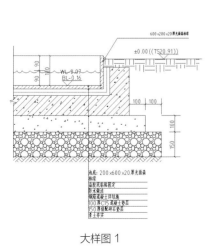

大样图 1

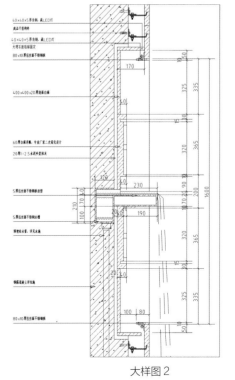

大样图 2

案例 16

实景图

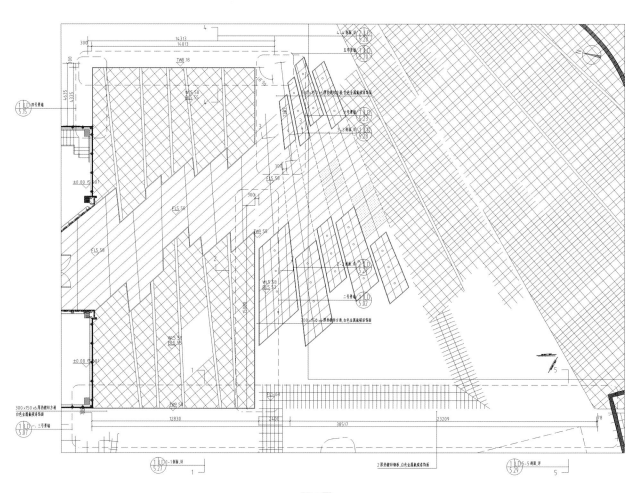

平面图

立面图

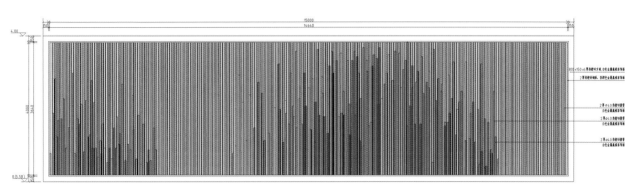

底平面图

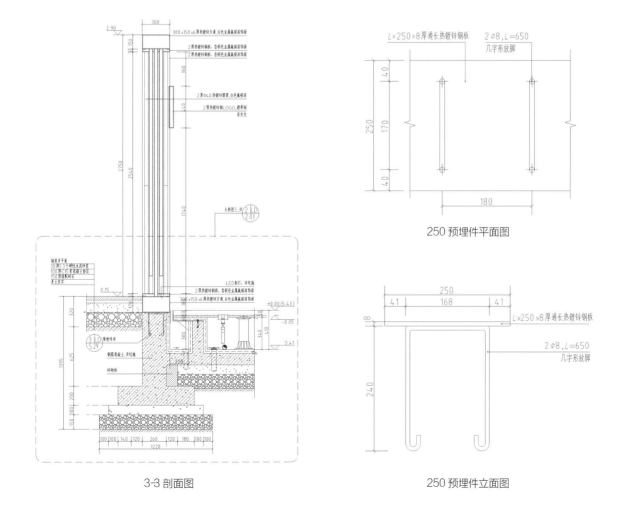

3-3 剖面图

250 预埋件平面图

250 预埋件立面图

实景图

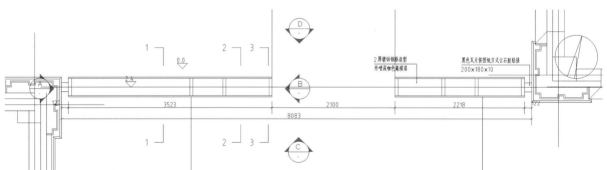

景墙顶平面图

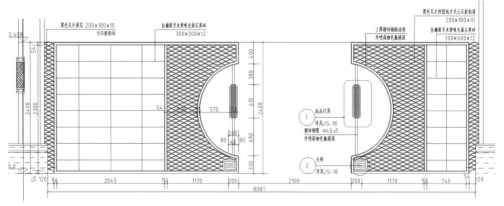

景墙 C 侧立面图

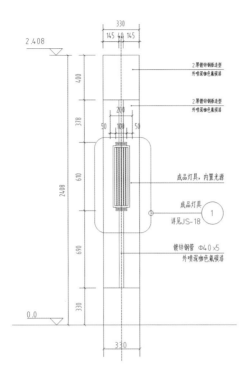

景墙 B 侧立面图

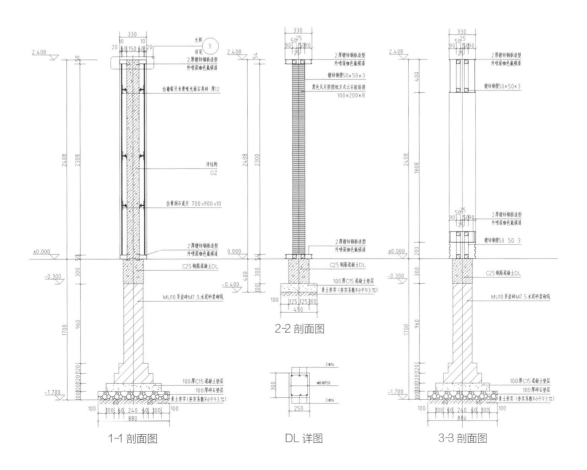

1-1 剖面图   DL 详图   3-3 剖面图

5

廊·亭·榭

案例 1

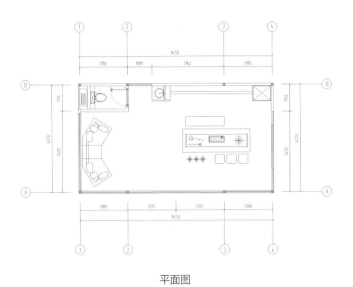

平面图

实景图

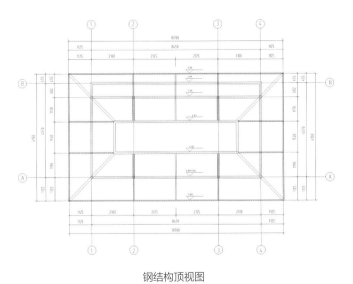

钢结构顶视图

钢结构前视图

案例 2

实景图

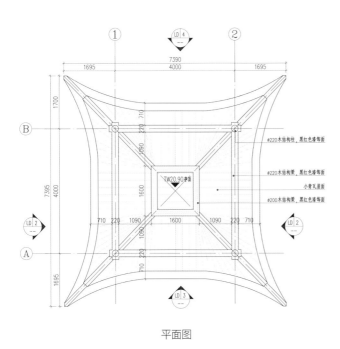

平面图

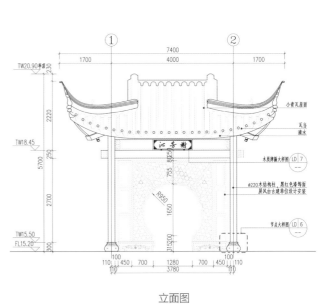

立面图

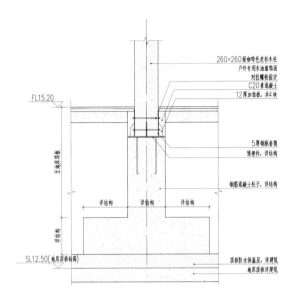

260×260裂咖啡色老杉木柱
户外专用木油漆饰面
对拉螺栓固定
C20素混凝土
12厚加强板,夹4块

5厚钢板套筒
预埋件,详结构

钢筋混凝土柱子,详结构

顶板防水保温层,详建筑
地库顶板详建筑

柱子固定大样图

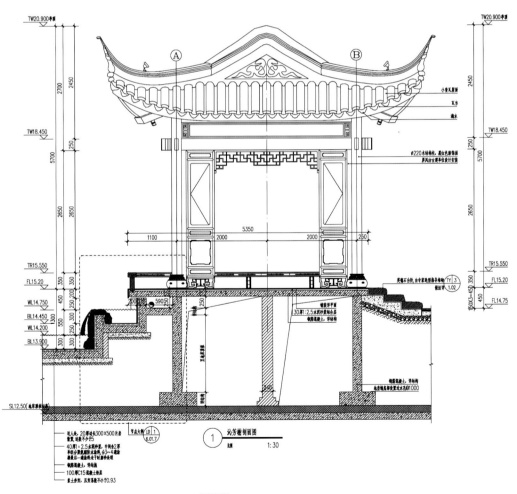

剖面图

案例3

实景图

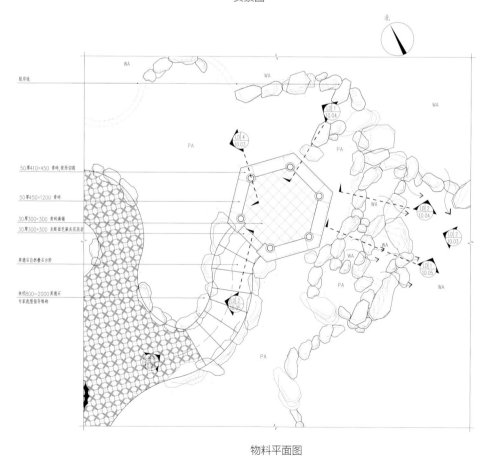

物料平面图

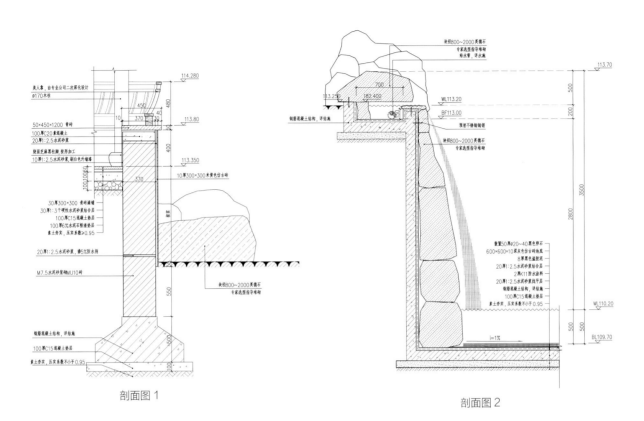

美人靠，由专业公司二次深化设计
Φ170木柱

50×450×1200 青砖
100厚C20素混凝土
20厚1:2.5水泥砂浆
烧面芝麻黑柱脚，按方形加工
10厚1:2.5水泥砂浆，刷白色外墙漆

114.280
450
40
370
30
10
480
113.80
400
113.350
100(100)64
370

30厚300×300 青砖满铺
30厚1:3干硬性水泥砂浆结合层
100厚C15混凝土垫层
100厚6%水泥石粉渣垫层
素土夯实，压实系数0.95

20厚1:2.5水泥砂浆，掺5%防水剂

M7.5水泥砂浆砌MU10砖

钢筋混凝土结构，详结施
100厚C15混凝土垫层
素土夯实，压实系数不小于0.95

10厚300×300米黄色仿古砖

块径800~2000英德石
专家选型指导堆砌

550
500
100

剖面图 1

块径800~2000英德石
专家选型指导堆砌
防水膏，详水施

钢筋混凝土结构，详结施

113.70
500
200
700
182.400
113.250
WL113.20
BF113.00
预埋不锈钢钢锯
块径800~2000英德石
专家选型指导堆砌

3500
2800

散置50厚Φ20~40黑色卵石
600×600×10深灰色仿古砖池底
8厚黑色遮膜泥
20厚1:2.5水泥砂浆结合层
2厚K11防水涂料
20厚1:2.5水泥砂浆找平层
钢筋混凝土结构，详结施
100厚C15混凝土垫层
素土夯实，压实系数不小于0.95

i=1%
500
500
WL110.20
BL109.70

剖面图 2

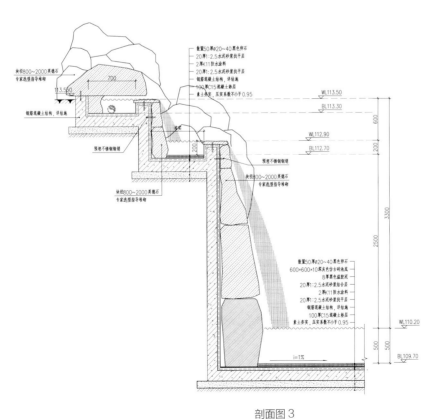

块径800~2000英德石
专家选型指导堆砌

钢筋混凝土结构，详结施

预埋不锈钢钢锯

块径800~2000英德石
专家选型指导堆砌

散置50厚Φ20~40黑色卵石
20厚1:2.5水泥砂浆找平层
2厚K11防水涂料
20厚1:2.5水泥砂浆找平层
钢筋混凝土结构，详结施
100厚C15混凝土垫层
素土夯实，压实系数不小于0.95

700
113.550

压实
200

块径800~2000英德石
专家选型指导堆砌

WL113.50
BL113.30
600
WL112.90
BL112.70
200

预埋不锈钢钢锯

3300
2500

散置50厚Φ20~40黑色卵石
600×600×10深灰色仿古砖池底
8厚黑色遮膜泥
20厚1:2.5水泥砂浆结合层
2厚K11防水涂料
20厚1:2.5水泥砂浆找平层
钢筋混凝土结构，详结施
100厚C15混凝土垫层
素土夯实，压实系数不小于0.95

i=1%
500
500
WL110.20
BL109.70

剖面图 3

实景图

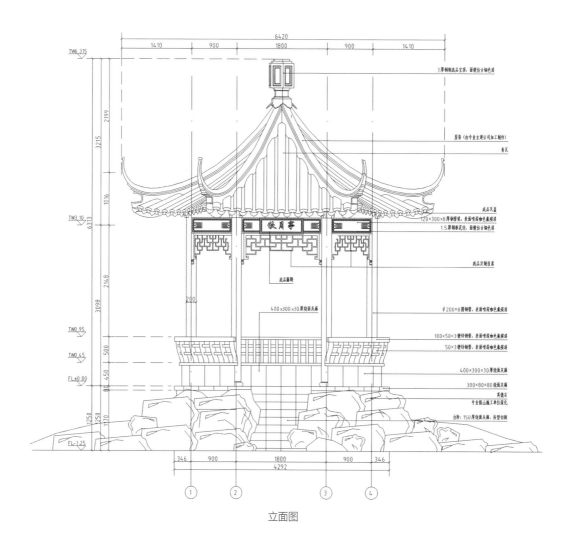

立面图

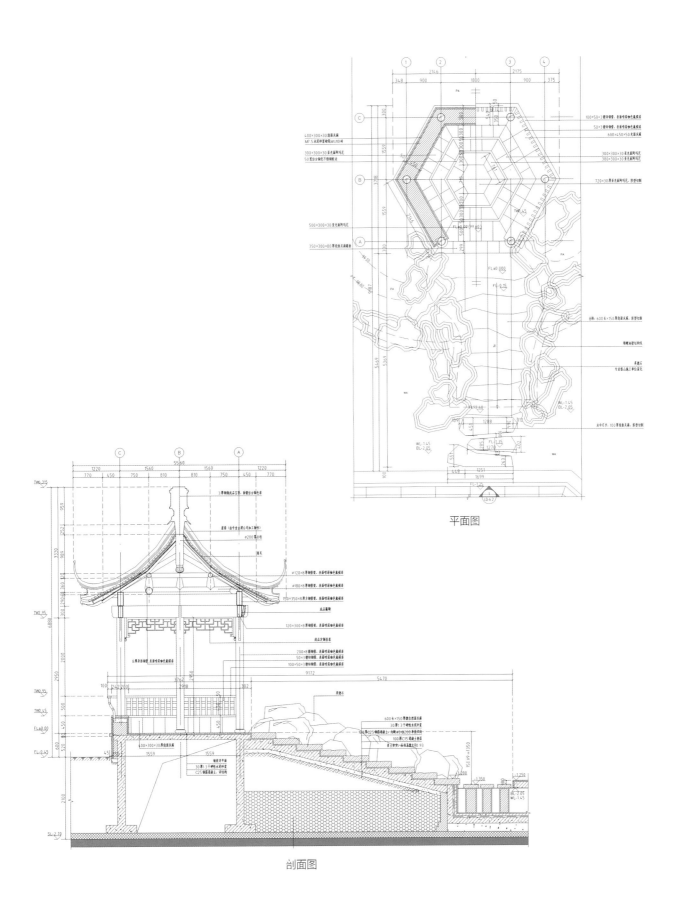

平面图

剖面图

案例 5

实景图

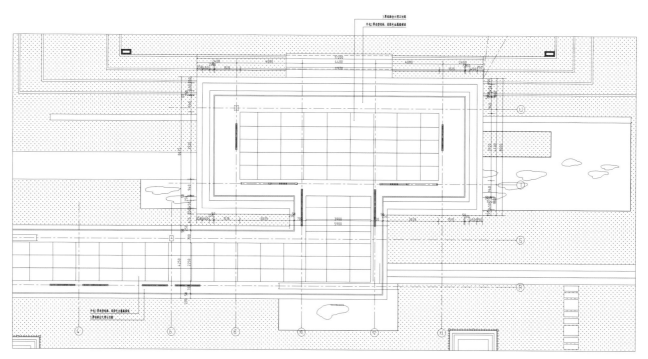

吊顶平面图

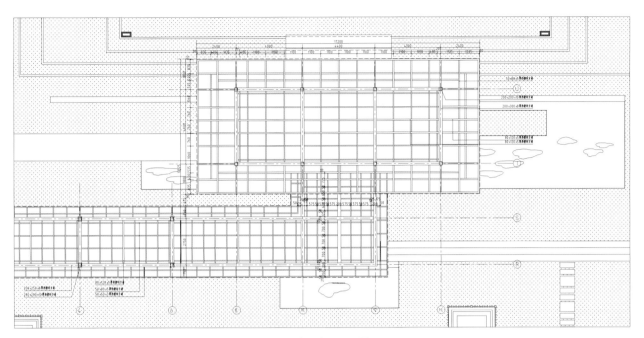

入口龙骨布置平面图

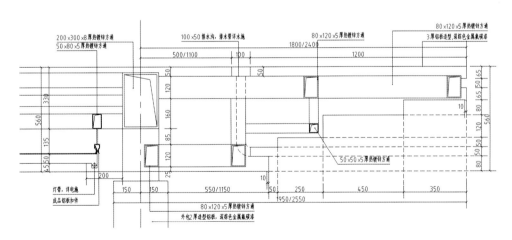

节点大样

案例 6

实景图

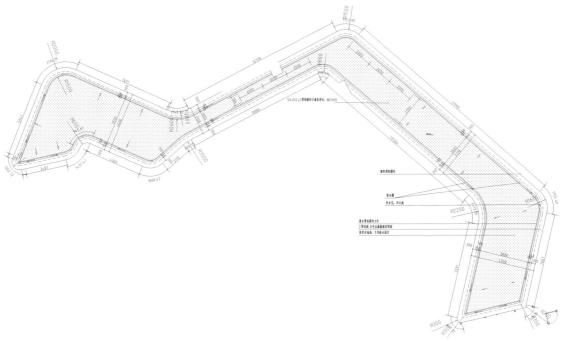

顶平面图

5
廊·亭·榭

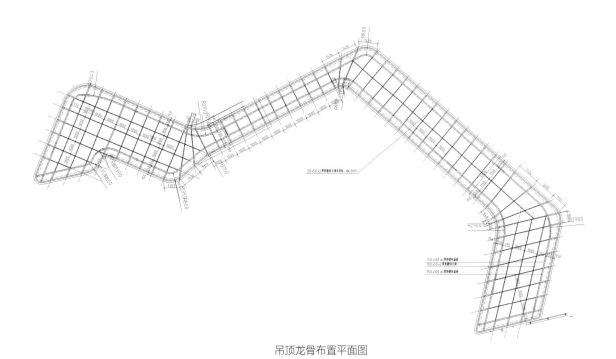

吊顶龙骨布置平面图

1-1 剖面图

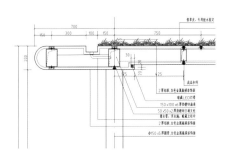

大样图

案例 7

实景图

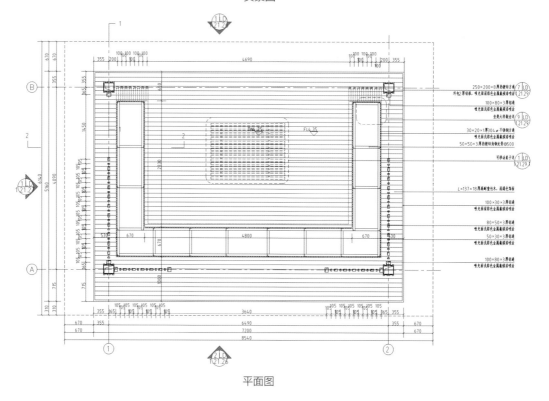

平面图

250×200×8厚热镀锌方通
外包2厚铝板,哑光灰深灰色金属氟碳漆喷涂

100×80×3厚铝通
哑光灰深灰色金属氟碳漆喷涂

金奥大样做法详图

30×20×1厚304L不锈钢方通
哑光灰深灰色金属氟碳漆喷涂
50×50×3厚热镀锌角钢钢柱@500

可移动花子池

L×137×18厚高耐重竹木,深褐色饰面

100×30×3厚铝通
哑光灰深灰色金属氟碳漆喷涂

80×50×3厚铝通
哑光灰深灰色金属氟碳漆喷涂

50×50×3厚铝通
哑光灰深灰色金属氟碳漆喷涂

100×80×3厚铝通
哑光灰深灰色金属氟碳漆喷涂

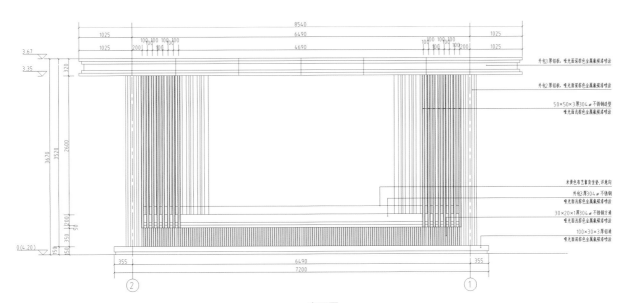

外包3厚铝板，哑光面深棕色金属氟碳漆喷涂

外包2厚铝板，哑光面深棕色金属氟碳漆喷涂

50×50×3厚304#不锈钢造型
哑光面浅棕色金属氟碳漆喷涂

木靠色布艺靠背坐垫，详意向
外包3厚304#不锈钢
哑光面浅棕色金属氟碳漆喷涂
30×20×1厚304不锈钢方通
哑光面浅棕色金属氟碳漆喷涂
100×30×3厚铝通
哑光面深棕色金属氟碳漆喷涂

立面图

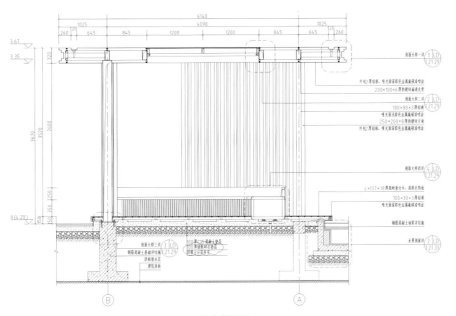

1-1 剖面图

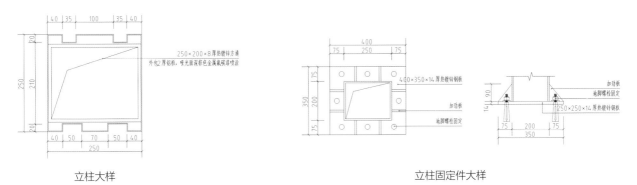

立柱大样

立柱固定件大样

113

案例 8

实景图

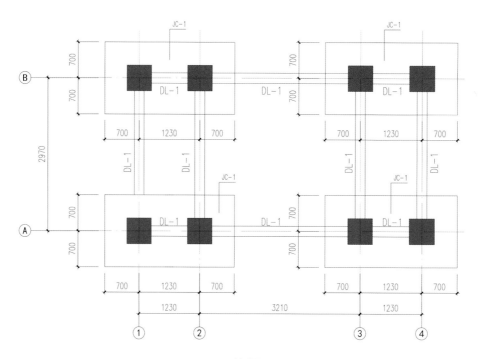

基础平面图

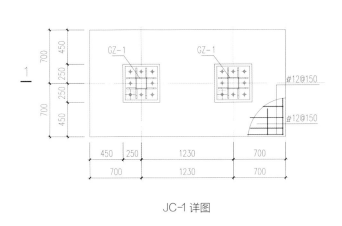

JC-1 详图

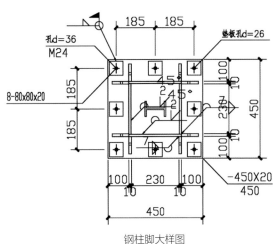

钢柱脚大样图

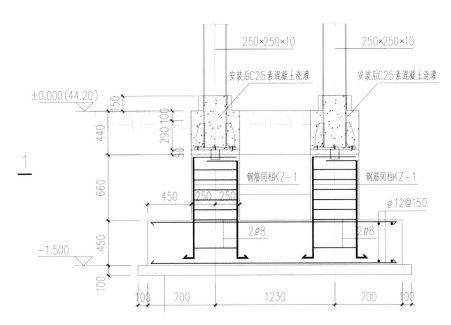

1-1 剖面图

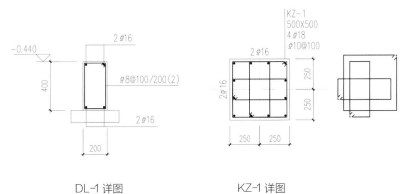

DL-1 详图   KZ-1 详图

案例 9

实景图

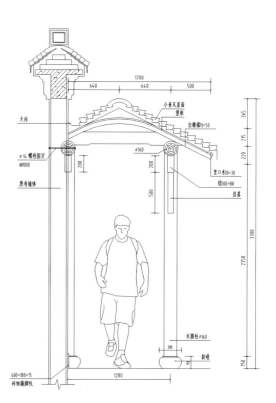

剖面详图 1

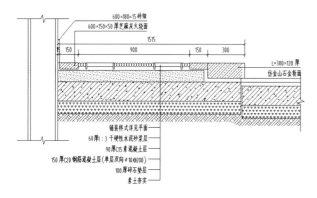

铺装做法详图 1

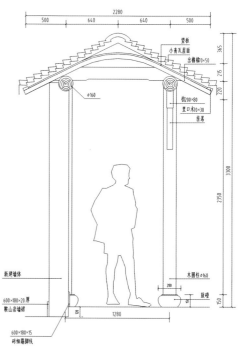

剖面详图 2

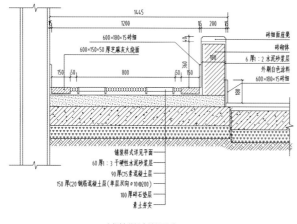

铺装做法详图 2

案例 10

实景图

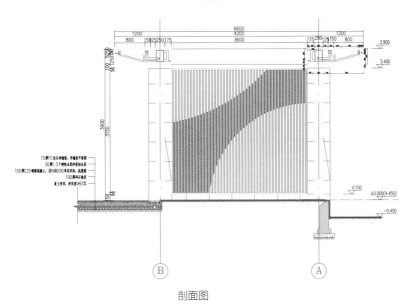

剖面图

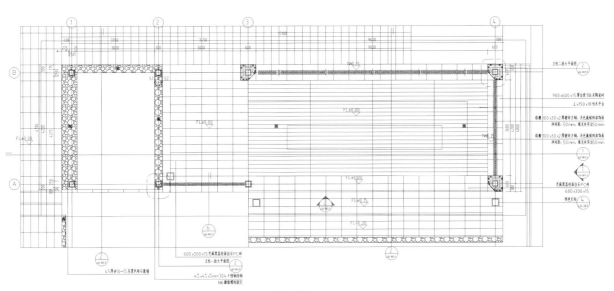

底平面图

案例 11

实景图

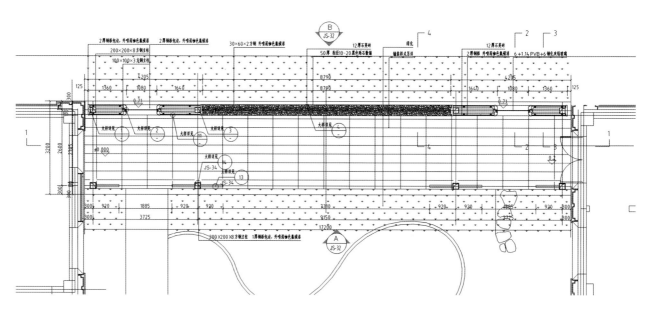

底平面图

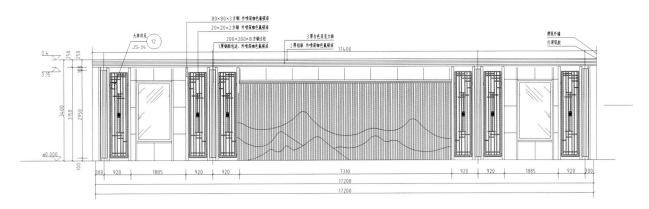

A 视点立面图

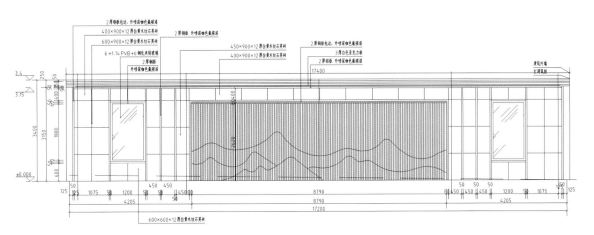

B 视点立面图

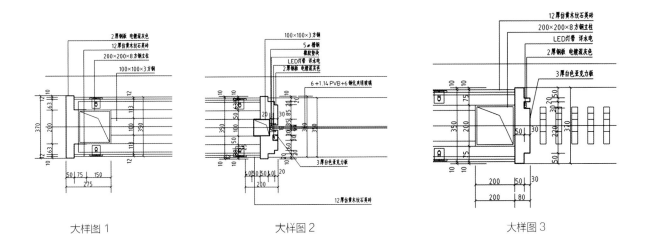

大样图 1   大样图 2   大样图 3

案例 12

效果图

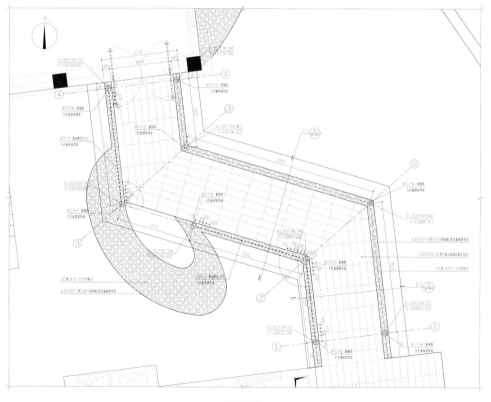

平面图

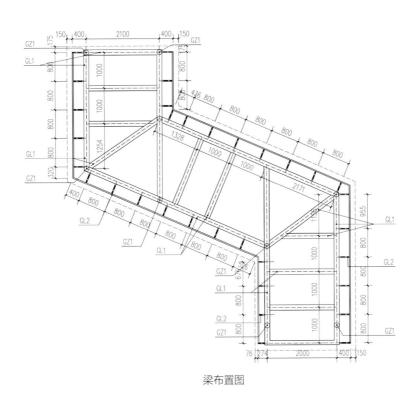

梁布置图

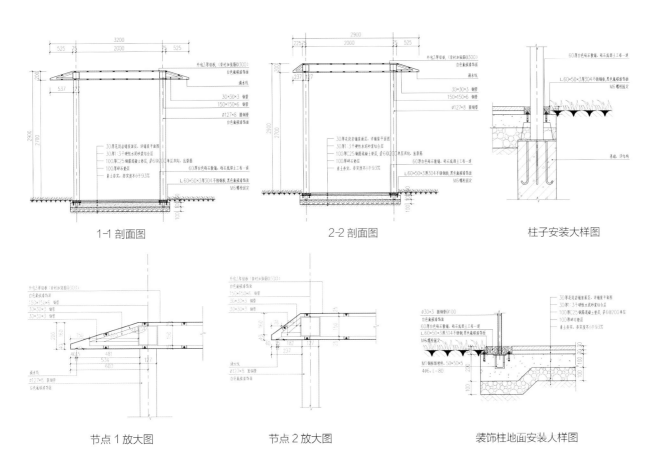

1-1 剖面图　　　　　　　　2-2 剖面图　　　　　　　　柱子安装大样图

节点 1 放大图　　　　　　　节点 2 放大图　　　　　　装饰柱地面安装人样图

案例 13

效果图

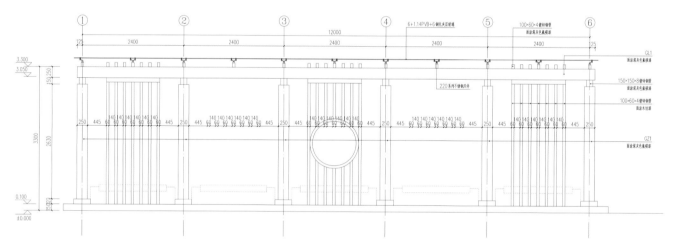

立面图

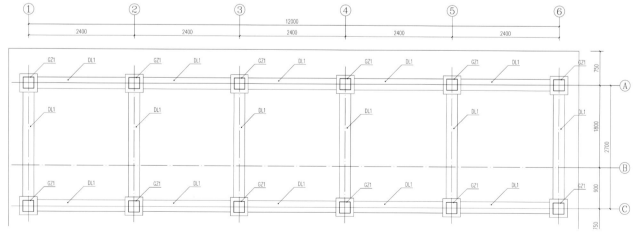

GZ1 布置平面图

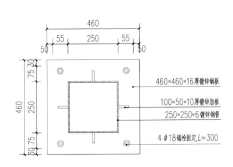

460×460×16厚镀锌钢板
100×50×10厚镀锌肋板
250×250×6镀锌钢管
4φ18锚栓固定,L=300

GZ1 安装平面图

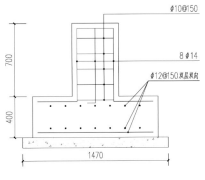

φ10@150
8φ14
φ12@150双层双向

GZ1 基础配筋图

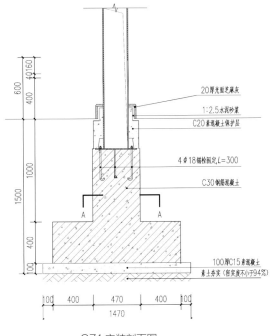

20厚光面芝麻灰
1:2.5水泥砂浆
C20素混凝土保护层
4φ18锚栓固定,L=300
C30钢筋混凝土
100厚C15素混凝土
素土夯实(密实度不小于94%)

GZ1 安装剖面图

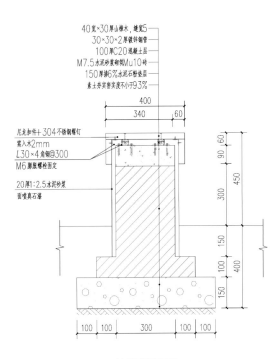

40宽×30厚山樟木,缝宽5
30×30×2厚镀锌钢管
100厚C20混凝土层
M7.5水泥砂浆砌筑Mu10砖
150厚掺6%水泥石粉垫层
素土夯实密实度不小于93%

尼龙扣件+304不锈钢螺钉
离地木2mm
L30×4角钢@300
M6膨胀螺栓固定
20厚1:2.5水泥砂浆
面喷真石漆

长条凳剖面图

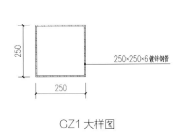

250×250×6镀锌钢管

CZ1 大样图

250×200×6镀锌钢管

GL1 大样图

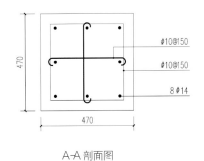

φ10@150
φ10@150
8φ14

A-A 剖面图

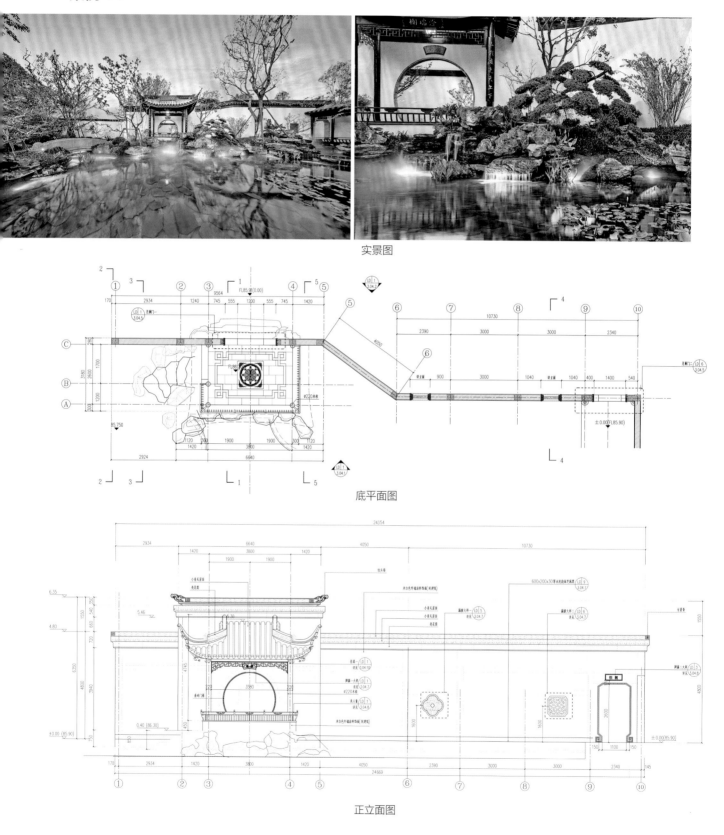

案例 14

实景图

底平面图

正立面图

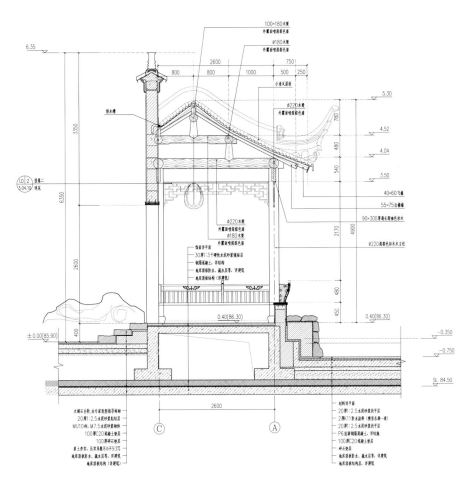

1-1 剖面图

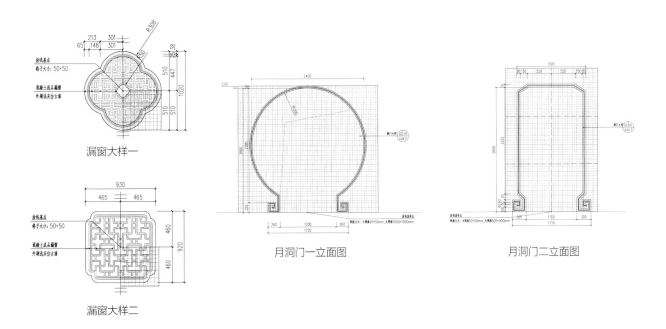

漏窗大样一

漏窗大样二

月洞门一立面图

月洞门二立面图

案例 15

实景图

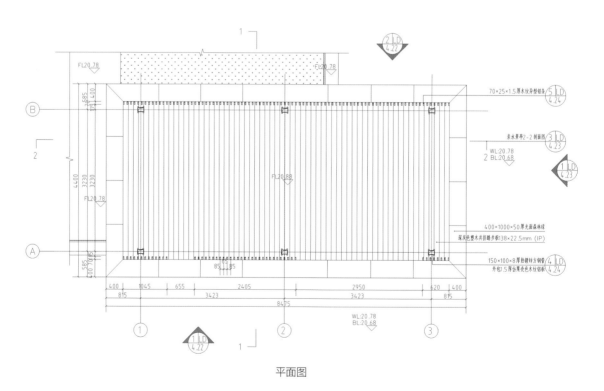

平面图

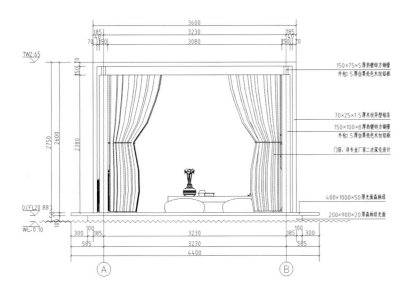

A - B立面图

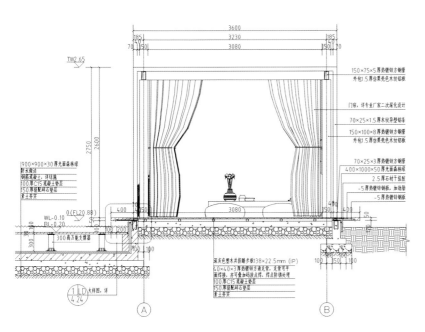

1-1 剖面图

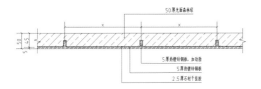

钢构件剖面图

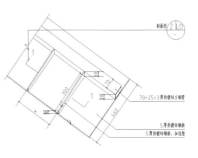

钢构件轴测图

亭柱剖面图

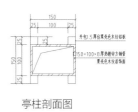

铝条剖面图

案例 16

实景图

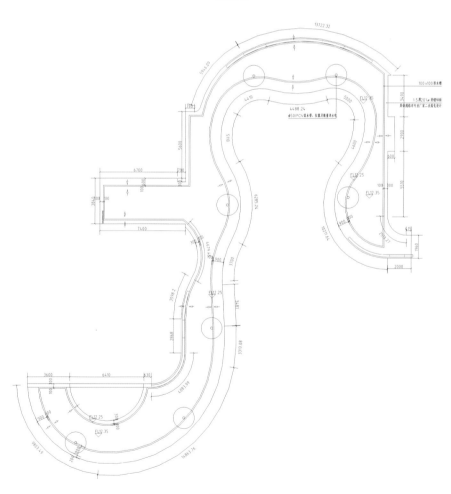

顶平面图

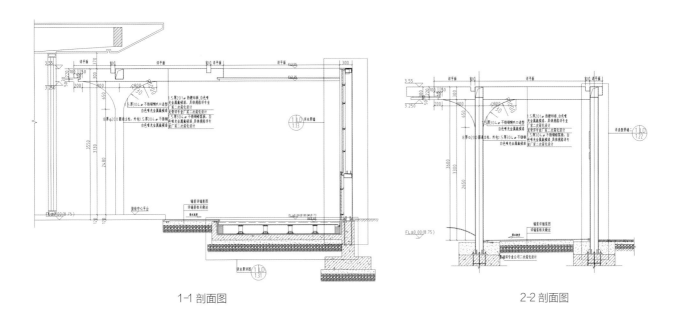

1-1 剖面图

2-2 剖面图

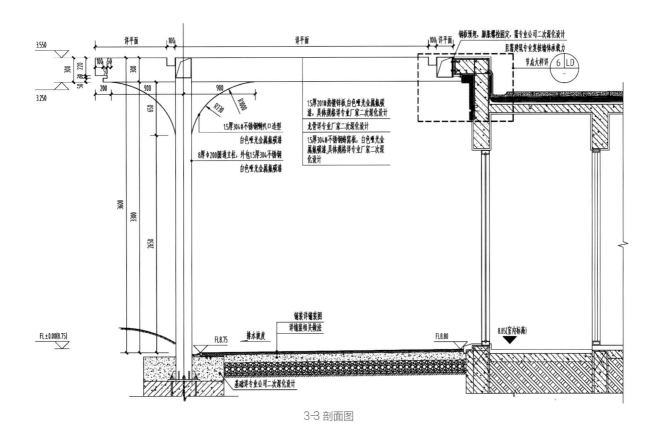

3-3 剖面图

6

运动休闲设施

案例 1

效果图

卡座平面图

卡座剖面图

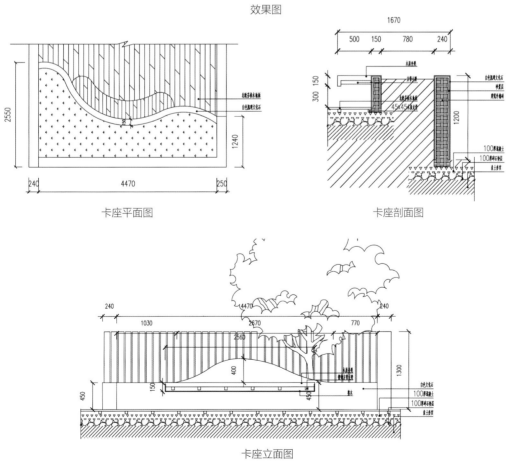

卡座立面图

案例 2

实景图

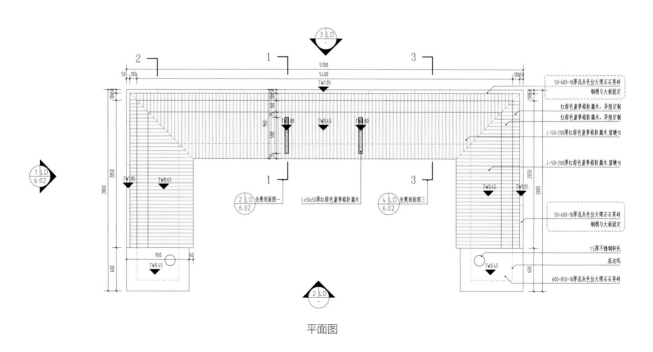

平面图

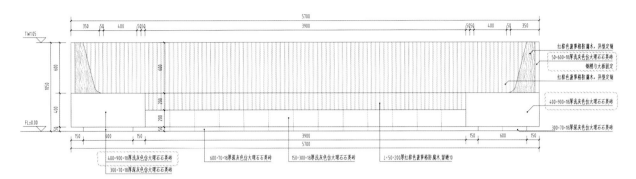

正立面图

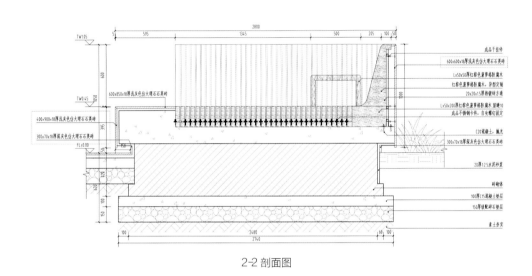

2-2 剖面图

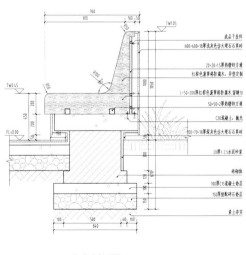

1-1 剖面图

3-3 剖面图

133

案例 3

效果图

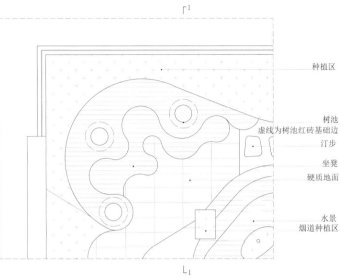

种植区

树池
虚线为树池红砖基础边
汀步
坐凳
硬质地面

水景
烟道种植区

阶梯坐凳平面图

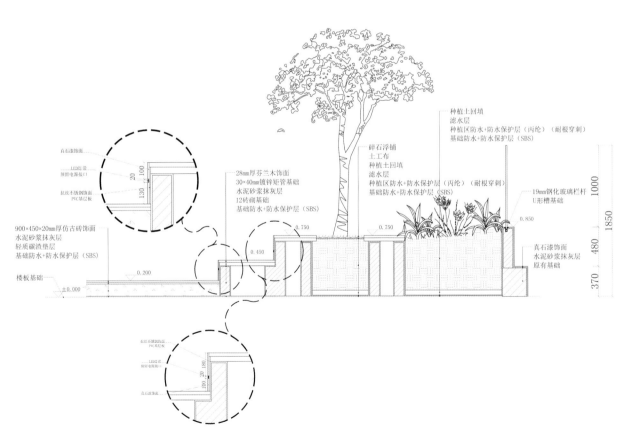

真石漆饰面

LED灯带
预留电源接口

拉丝不锈钢饰面
PVC基层板

900×450×20mm厚仿古砖饰面
水泥砂浆抹灰层
轻质碳渣垫层
基础防水+防水保护层（SBS）

楼板基础

28mm厚芬兰木饰面
30×40mm镀锌矩管基础
水泥砂浆抹灰层
12砖砌基础
基础防水+防水保护层（SBS）

碎石浮铺
土工布
种植土回填
滤水层
种植区防水+防水保护层（丙纶）（耐根穿刺）
基础防水+防水保护层（SBS）

种植土回填
滤水层
种植区防水+防水保护层（丙纶）（耐根穿刺）
基础防水+防水保护层（SBS）

19mm钢化玻璃栏杆
U形槽基础

真石漆饰面
水泥砂浆抹灰层
原有基础

拉丝不锈钢饰面
PVC基层板

LED灯带
预留电源接口

真石漆饰面

阶梯坐凳 1-1 剖面图

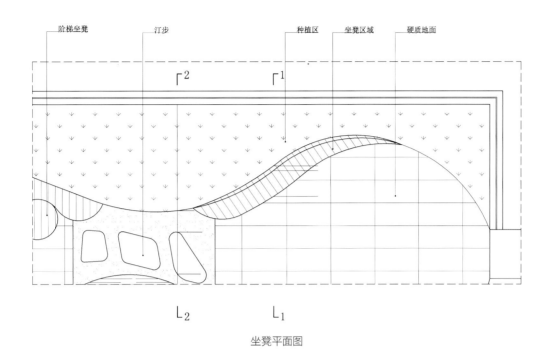

阶梯坐凳　　汀步　　　　　　　种植区　坐凳区域　硬质地面

坐凳平面图

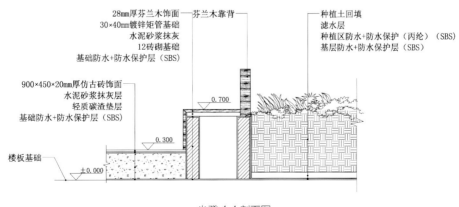

5mm厚钢板花池　　　　　　　坐凳　　　5mm厚钢板花池　　原围墙基础

阶梯坐凳

坐凳及钢板花池立面展开图

28mm厚芬兰木饰面──芬兰木靠背──
30×40mm镀锌矩管基础
水泥砂浆抹灰
12砖砌基础
基础防水+防水保护层（SBS）

种植土回填
滤水层
种植区防水+防水保护（丙纶）（SBS）
基层防水+防水保护层（SBS）

900×450×20mm厚仿古砖饰面
水泥砂浆抹灰层
轻质碳渣垫层
基础防水+防水保护层（SBS）

0.700

0.300

楼板基础

±0.000

坐凳 1-1 剖面图

案例 4

实景图

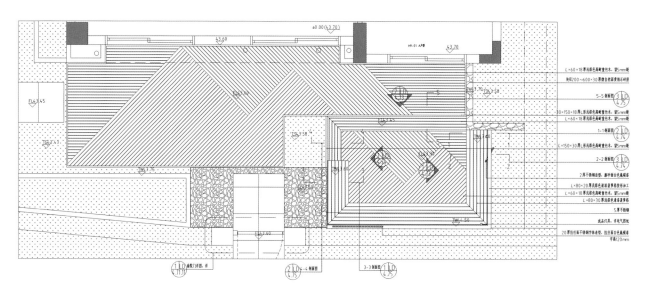

铺装索引及竖向平面图

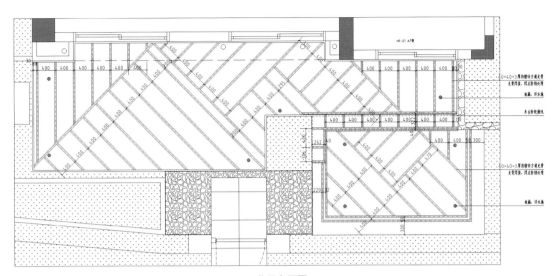

龙骨布置图

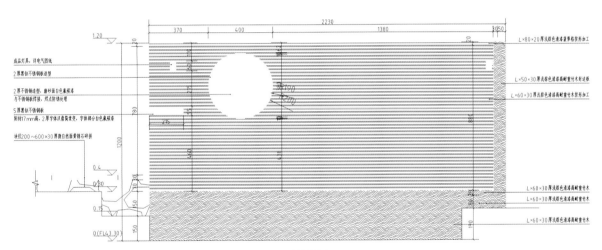

立面图1

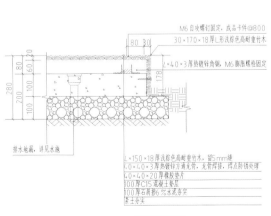

接草地做法

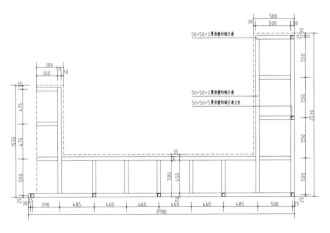

木坐凳龙骨布置图

案例 5

效果图

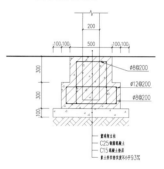

篮球架剖面图

地埋式篮球架基础详图

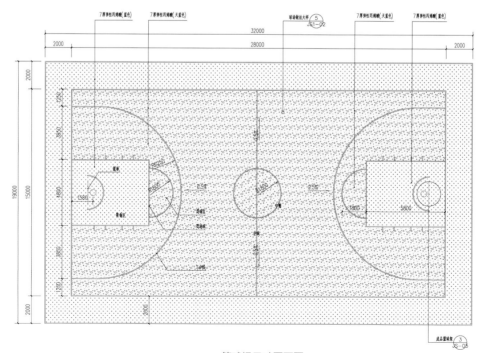

篮球场尺寸平面图

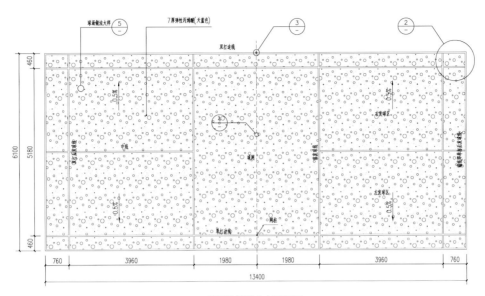

羽毛球场尺寸平面图

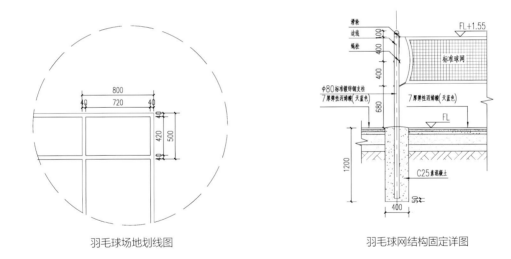

羽毛球场地划线图

羽毛球网结构固定详图

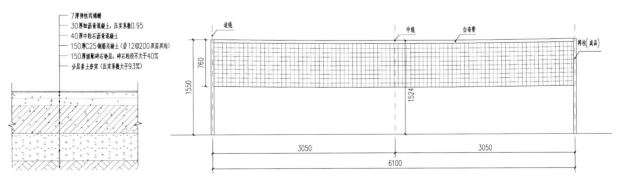

球场做法大样图

羽毛球网立面图

案例6

效果图1

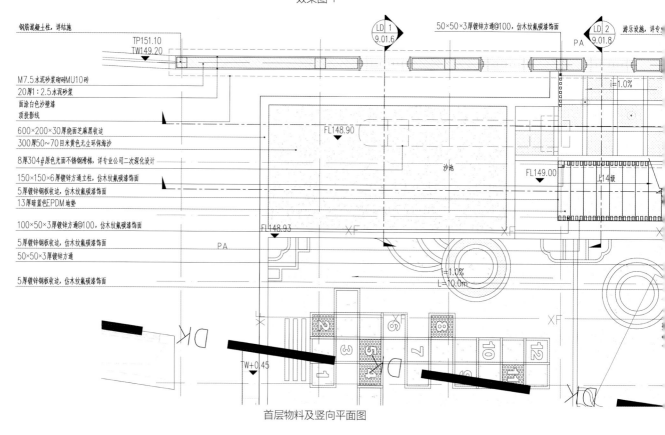

钢筋混凝土柱,详结施

TP151.10
TW149.20

M7.5水泥砂浆砌筑MU10砖
20厚1:2.5水泥砂浆
面涂白色沙壁漆
顶投影线

600×200×30厚烧面芝麻黑收边
300厚50~70目米黄色无尘环保海沙

8厚304#原色光面不锈钢滑梯,详专业公司二次深化设计

150×150×6厚镀锌方通立柱,仿木纹氟碳漆饰面
5厚镀锌钢板收边,仿木纹氟碳漆饰面
13厚暗蓝色EPDM地垫

100×50×3厚镀锌方通@100,仿木纹氟碳漆饰面

5厚镀锌钢板收边,仿木纹氟碳漆饰面
50×50×3厚镀锌方通

5厚镀锌钢板收边,仿木纹氟碳漆饰面

50×50×3厚镀锌方通@100,仿木纹氟碳漆饰面

LD 1
9.01.6

LD 2
9.01.8

游乐设施,详专
PA

i=1.0%

FL148.90

沙池

FL149.00

L14级

FL148.93

XF

XF

PA

i=1.0%
L=10.0m

TW+0.45

首层物料及竖向平面图

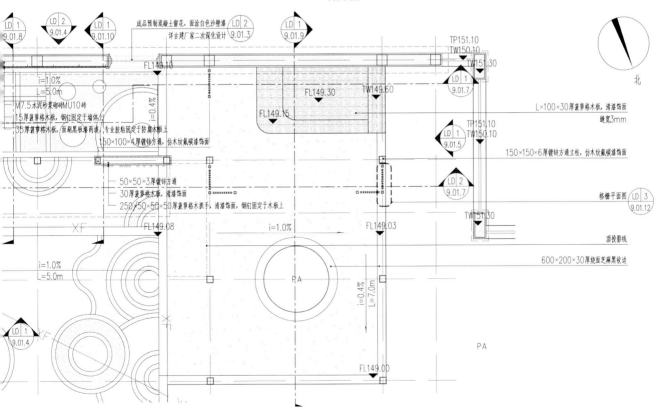

效果图2

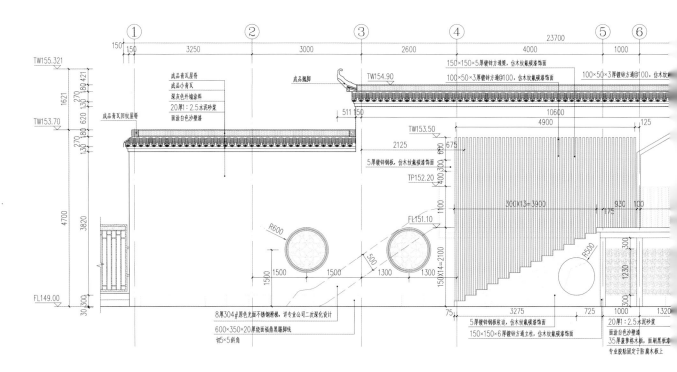

立面图 1

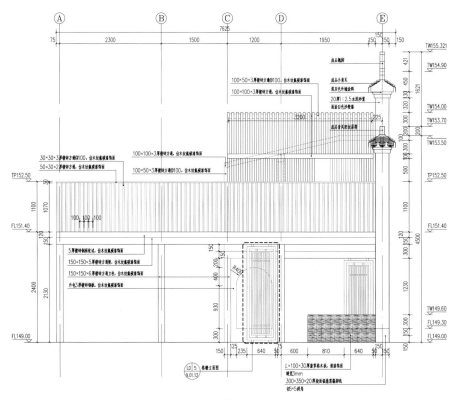

立面图 2

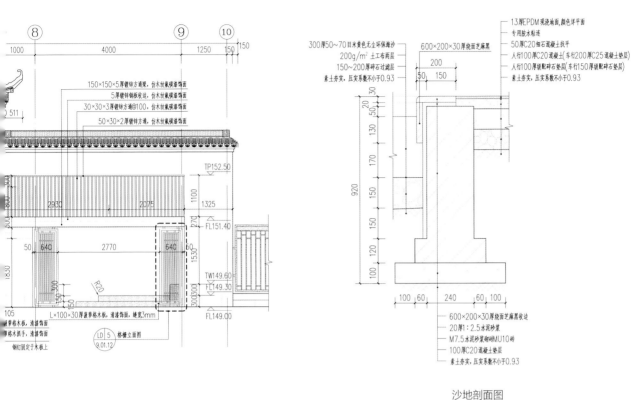

沙地剖面图

二层龙骨配置平面图

案例 7

实景图

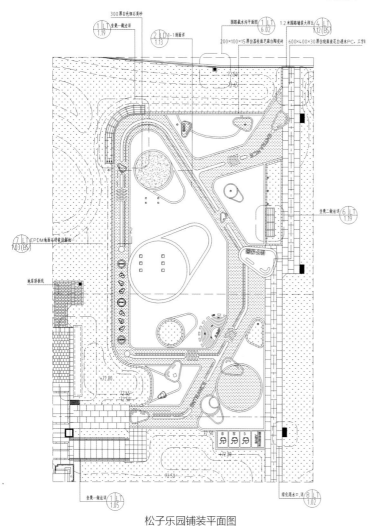

松子乐园铺装平面图

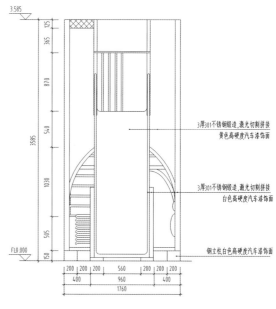

松子乐园侧立面图

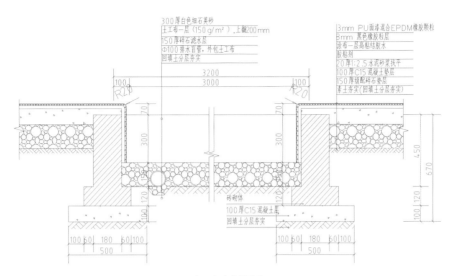

300厚白色细石英砂
土工布一层（150 g/m²），上翻200 mm
150厚碎石滤水层
Φ100排水盲管，外包土工布
回填土分层夯实

3mm PU面漆混合EPDM橡胶颗粒
8 mm 黑色橡胶粒层
涂布一层高粘结胶水
胶粘剂
20厚1:2.5水泥砂浆找平
100厚C15混凝土垫层
150厚级配碎石垫层
素土夯实(回填土分层夯实)

砖砌体

100厚C15混凝土层
回填土分层夯实

1-1 剖面图

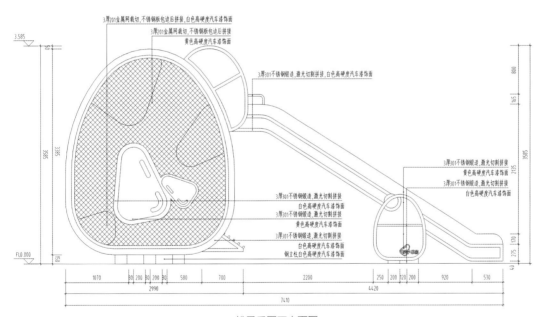

3厚201金属网裁切,不锈钢板包边后拼接,白色高硬度汽车漆饰面

3厚201金属网裁切,不锈钢板包边后拼接
黄色高硬度汽车漆饰面

3厚301不锈钢锻造,激光切割拼接,白色高硬度汽车漆饰面

3厚301不锈钢锻造,激光切割拼接
白色高硬度汽车漆饰面
3厚301不锈钢锻造,激光切割拼接
黄色高硬度汽车漆饰面
3厚301不锈钢锻造,激光切割拼接
白色高硬度汽车漆饰面
钢立柱白色高硬度汽车漆饰面

3厚301不锈钢锻造,激光切割拼接
黄色高硬度汽车漆饰面
3厚301不锈钢锻造,激光切割拼接
白色高硬度汽车漆饰面

松子乐园正立面图

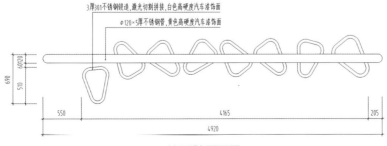

3厚301不锈钢锻造,激光切割拼接,白色高硬度汽车漆饰面

Φ120×5厚不锈钢管,黄色高硬度汽车漆饰面

松子跳板平面图

案例 8

实景图

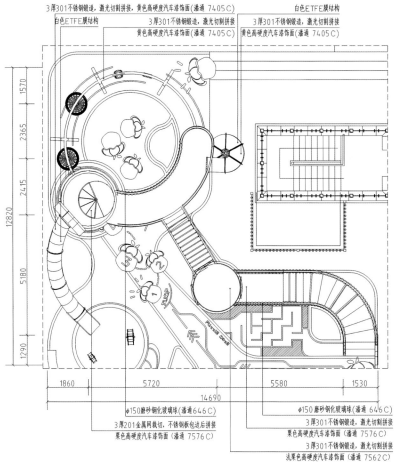

3厚301不锈钢锻造，激光切割拼接，黄色高硬度汽车漆饰面(潘通 7405C)

白色ETFE膜结构

3厚301不锈钢锻造，激光切割拼接
黄色高硬度汽车漆饰面(潘通 7405C)

3厚301不锈钢锻造，激光切割拼接
黄色高硬度汽车漆饰面(潘通 7405C)

白色ETFE膜结构

φ150磨砂钢化玻璃珠(潘通646C)

3厚201金属网裁切，不锈钢板包边后拼接
果色高硬度汽车漆饰面(潘通 7576C)

φ150磨砂钢化玻璃珠(潘通 646C)

3厚301不锈钢锻造，激光切割拼接
果色高硬度汽车漆饰面(潘通 7576C)

3厚301不锈钢锻造，激光切割拼接
浅果色高硬度汽车漆饰面(潘通 7562C)

橡果乐园平面图

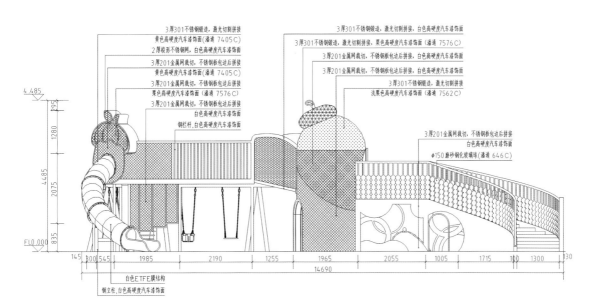

橡果乐园正立面图

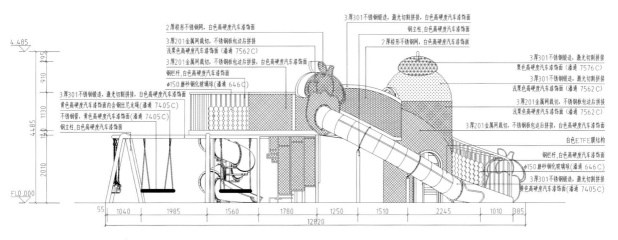

橡果乐园侧立面图

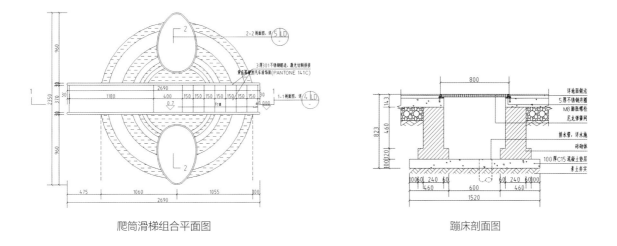

爬筒滑梯组合平面图   蹦床剖面图

147

7

植物组团

案例 1

实景图

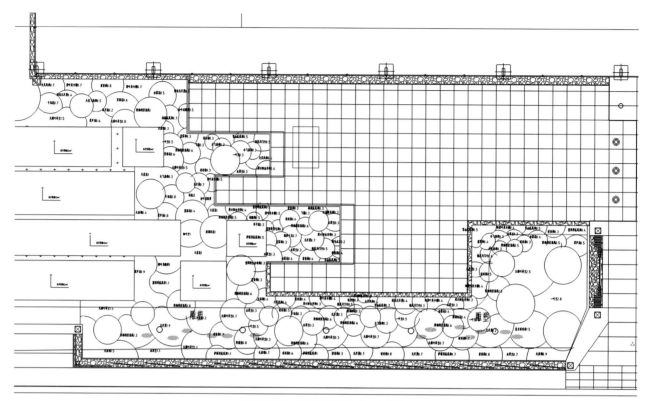

花境种植平面图（项目地点：上海）

花境球灌木苗木表

序号	名称	高度 (cm)	冠幅 (cm)	密度（株 / 平方米）	备注
1	龟甲冬青球 A	120	150	1	精品球，球形饱满，不脱脚
2	龟甲冬青球 B	100	120	1	精品球，球形饱满，不脱脚
3	龟甲冬青球 C	60 ~ 80	100	3	精品球，球形饱满，不脱脚
4	海桐球	100 ~ 120	120 ~ 150	1	精品球，球形饱满，不脱脚
5	结香球	100	120	2	精品球，球形饱满，不脱脚
6	茶梅球	100	120	2	精品球，球形饱满，不脱脚
7	亮晶女贞球 A	120	150	2	精品球，球形饱满，不脱脚
8	亮晶女贞球 B	100	120	3	精品球，球形饱满，不脱脚
9	无刺构骨球 A	150	180 ~ 200	1	精品球，球形饱满，不脱脚
10	菲油果	130 ~ 150	60 ~ 80	2	精品容器苗，小灌木
11	水果兰球	80	80	1	精品容器苗，小灌木
12	澳洲朱蕉	50 ~ 60	40 ~ 50	2	三加仑盆苗，小灌木
13	中华木绣球 B	150	80	3	精品容器苗，小灌木
14	八角金盘 A	150 ~ 160	80 ~ 100	1	精品容器苗，小灌木
15	八角金盘 B	100 ~ 120	50 ~ 60	4	精品容器苗，小灌木
16	蓝剑柏	120 ~ 200	40 ~ 60	3	容器苗，冠幅饱满，不脱脚

花境地被材料苗木表

序号	名称	高度 (cm)	冠幅 (cm)	密度（株 / 平方米）	备注
1	蕾丝花	60 ~ 80	40 ~ 50	1.7	盆苗，植株饱满
2	火炬花	40 ~ 50	25 ~ 30	3	盆苗，植株饱满
3	直立迷迭香	40 ~ 50	35 ~ 40	7.6	五加仑盆苗，植株饱满
4	红盖鳞毛蕨	25 ~ 30	30 ~ 35	0.3	盆苗，植株饱满
5	花叶玉簪	20 ~ 25	25 ~ 30	1.5	二加仑盆苗，植株饱满
6	蓝花鼠尾草"萨利芳"	20 ~ 25	15 ~ 20	3.3	一加仑盆苗，植株饱满
7	熊猫堇	10 ~ 15	10 ~ 15	0.8	一加仑盆苗，植株饱满
8	新西兰亚麻	80 ~ 100	50 ~ 60	1	美植袋苗，植株饱满
9	小飞燕草	40 ~ 45	25 ~ 30	0.6	一加仑盆苗，植株饱满
10	柳叶马鞭草	60 ~ 80	20 ~ 25	1	一加仑盆苗，植株饱满
11	蓝盆花	35 ~ 40	20 ~ 25	0.4	盆苗，植株饱满
12	紫娇花	30 ~ 35	15 ~ 20	1.2	一加仑盆苗，植株饱满
13	金叶过路黄	5 ~ 10	10 ~ 15	0.5	盆苗，植株饱满
14	绣球"无尽夏"	50 ~ 60	40 ~ 50	6.5	盆苗，植株饱满
15	绣球 A	40 ~ 45	25 ~ 30	1.4	盆苗，植株饱满
16	瑞典女王	40 ~ 50	30 ~ 40	0.7	二加仑营养杯苗，植株饱满
17	藿香蓟	20 ~ 25	20 ~ 25	3.6	一加仑盆苗，植株饱满
18	裂叶美女樱	20 ~ 25	20 ~ 25	1.2	一加仑盆苗，植株饱满
19	西伯利亚鸢尾	40 ~ 50	20 ~ 25	10	一加仑盆苗，植株饱满
20	墨西哥鼠尾草 A	35 ~ 40	45 ~ 50	1.9	美植袋苗，植株饱满
21	蓝雪花	30 ~ 35	20 ~ 25	1	一加仑盆苗，植株饱满
22	大滨菊	40 ~ 45	25 ~ 30	5.4	一加仑盆苗，植株饱满
23	大花飞燕草	60 ~ 100	30 ~ 40	1.7	一加仑盆苗，植株饱满
24	墨西哥羽毛草	35 ~ 40	25 ~ 30	0.4	盆苗，植株饱满
25	雪山鼠尾草	30 ~ 35	25 ~ 30	2.7	盆苗，植株饱满
26	黄金喷泉喷雪花	80 ~ 100	50 ~ 60	2	美植袋苗，植株饱满
27	一叶兰	50 ~ 60	30 ~ 40	5.2	盆苗，植株饱满
28	重瓣矮生金鸡菊	35 ~ 40	25 ~ 30	0.3	一加仑盆苗，植株饱满
29	水果蓝	40 ~ 45	35 ~ 40	4.2	一加仑盆苗，植株饱满
30	营养土	—	—	70	
31	覆盖物	—	—	25	树皮覆盖物，粒径 2 ~ 3cm，厚 2 ~ 3cm

注：地被密度仅为参考，种植密度以不露土为标准。

实景图

植物配置总平面图（项目地点：福州）

实景图

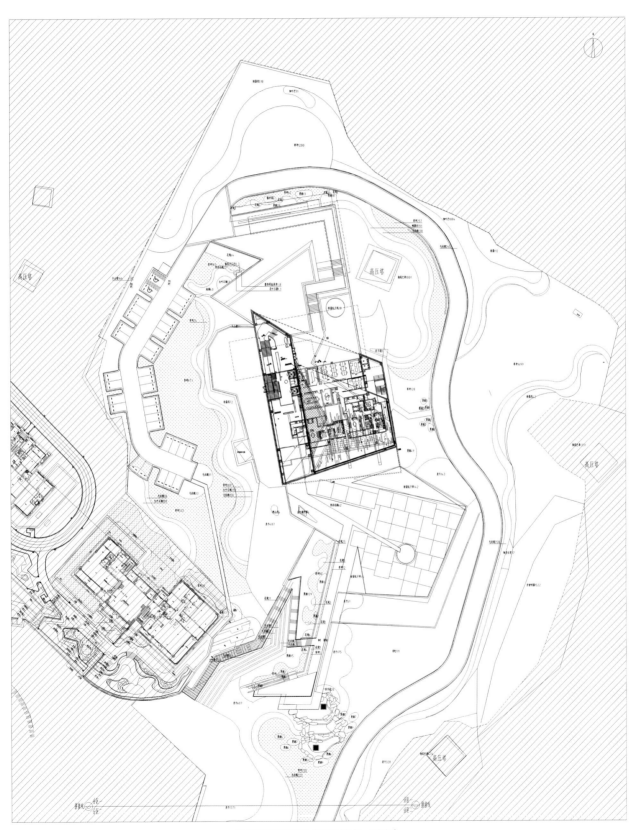

地被配置平面图（项目地点：重庆）

实景图

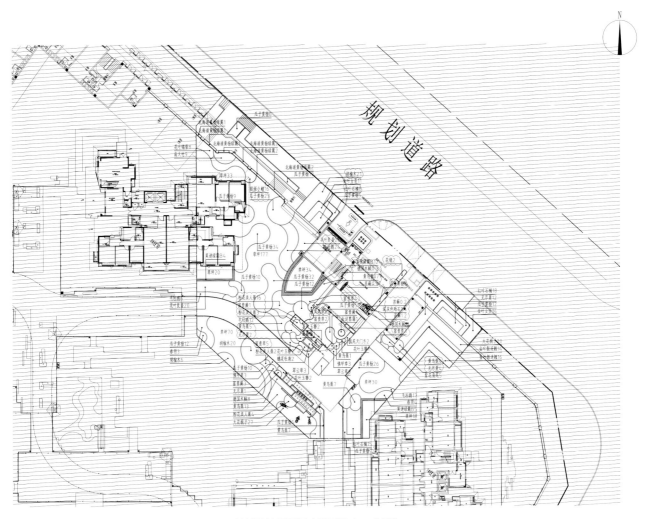

地被种植平面图（项目地点：成都）

地被种植苗木表

序号	名称	规格		密度（株/平方米）	备注
		高度（cm）	冠幅（cm）		
1	英迷绿篱	修剪后 150	40	5	柱状苗，蓬冠丰满，分枝浓密，双排、品字形种植，紧密栽植、修剪成绿篱
2	德国木贼	60～70	35～40	16	盆苗，枝条饱满，自然状，以种植后不露土为原则
3	南天竹	50～55	35～40	16	袋苗，枝条饱满，自然状，以种植后不露土为原则
4	黄鸟蕉	45～50	35～40	9	袋苗，5～6芽/丛，冠幅饱满，地面全覆盖
5	春羽	40～45	40～45	9	袋苗，3～5芽/丛，冠幅饱满，地面全覆盖
6	花叶良姜	40～45	30～35	16	袋苗，5～6芽/丛，冠幅饱满，地面全覆盖
7	无尽夏	40～45	35～40	16	袋苗，毛球，枝条饱满，修剪成形，以种植后不露土为原则
8	粉花美人蕉	30～35	25～30	36	袋苗，5～6芽/丛，冠幅饱满，地面全覆盖
9	大花栀子	40～45	40	25	袋苗，毛球，枝条饱满，修剪成型，以种植后不露土为原则
10	红叶石楠	35～40	25～30	36	袋苗，毛球，枝条饱满，修剪成型，以种植后不露土为原则
11	花叶锦带	30～35	30～35	36	袋苗，毛球，枝条饱满，修剪成型，以种植后不露土为原则
12	金叶女贞	30～35	25～30	36	袋苗，毛球，枝条饱满，修剪成型，以种植后不露土为原则
13	银姬小蜡	30～35	25～30	36	袋苗，毛球，枝条饱满，修剪成型，以种植后不露土为原则
14	金叶假连翘	25～30	25～30	36	袋苗，毛球，枝条饱满，修剪成型，以种植后不露土为原则
15	毛杜鹃	25～30	25～30	36	袋苗，毛球，枝条饱满，修剪成型，以种植后不露土为原则
16	瓜子黄杨	25～30	25～30	36	袋苗，毛球，枝条饱满，修剪成型，以种植后不露土为原则
17	胡椒木	25～30	20～25	49	袋苗，冠幅饱满，地面全覆盖
18	狐尾天门冬	35～40	30～35	16	袋苗，5～6芽/丛，冠幅饱满，地面全覆盖
19	花叶玉簪	35	35	25	袋苗，5～6芽/丛，冠幅饱满，地面全覆盖
20	紫花鸢尾	30～35	15～20	81	袋苗，5～6芽/丛，花茂，冠幅饱满，地面全覆盖
21	金边菖蒲	25～30	20～25	81	袋苗，5～6芽/丛，冠幅饱满，地面全覆盖
22	大吴风草	30～35	30～35	36	袋苗，5～6芽/丛，冠幅饱满，地面全覆盖
23	穗花牡荆	30～35	30～35	25	袋苗，5～6芽/丛，花茂，冠幅饱满，地面全覆盖
24	富贵蕨	30～35	30～35	25	袋苗，枝条饱满，自然状，以种植后不露土为原则
25	佛甲草	5～10	10～15	满铺	袋苗，枝条饱满，自然状，以种植后不露土为原则
26	翠云草	—	—	满铺	袋苗，枝条饱满，自然状，以种植后不露土为原则
27	草坪	—	—	满铺	剪谷颖，草皮卷满铺，草皮泥厚度 3cm 以上，成草率 95% 以上

项目来源

1　入口·门头
· 案例 1：深圳陆玛澳翡咨询有限公司
· 案例 2：深圳市赛瑞景观工程设计有限公司
· 案例 3、案例 4、案例 9、案例 10：深圳市希尔景观设计有限公司
· 案例 5、案例 6：深圳市喜喜仕景观及建筑规划设计有限公司
· 案例 7、案例 8：苏州翰地景观设计咨询有限公司
· 案例 11：上海翔凯园林绿化有限公司

2　铺装
· 案例 1、案例 8：深圳市喜喜仕景观及建筑规划设计有限公司
· 案例 2、案例 3：深圳市希尔景观设计有限公司
· 案例 4、案例 6：杭州原物景观设计有限公司
· 案例 5：广东彼岸景观与建筑设计有限公司
· 案例 7：深圳市赛瑞景观工程设计有限公司
· 案例 9：丽水市百草园园艺
· 案例 10：深圳陆玛澳翡咨询有限公司

3　水景·桥
· 案例 1：悠境景观设计工程（常州）有限公司
· 案例 2：深圳市喜喜仕景观及建筑规划设计有限公司
· 案例 3、案例 4、案例 8：苏州翰地景观设计咨询有限公司
· 案例 5、案例 12：广东彼岸景观与建筑设计有限公司
· 案例 6、案例 11：深圳市希尔景观设计有限公司
· 案例 7：深圳陆玛澳翡咨询有限公司
· 案例 9、案例 14：深圳市赛瑞景观工程设计有限公司
· 案例 10：杭州原物景观设计有限公司
· 案例 13：重庆和汇澜庭景观工程有限公司

4　景墙
· 案例 1、案例 2、案例 9、案例 12：深圳市希尔景观设计有限公司
· 案例 3：苏州翰地景观设计咨询有限公司
· 案例 4 ～案例 8、案例 11、案例 15、案例 16：深圳市喜喜仕景观及建筑规划设计有限公司
· 案例 10：重庆和汇澜庭景观工程有限公司
· 案例 13、案例 17：深圳陆玛澳翡咨询有限公司
· 案例 14：广东彼岸景观与建筑设计有限公司

5 廊·亭·榭

· 案例 1：悠境景观设计工程（常州）有限公司
· 案例 2、案例 3、案例 14：深圳市赛瑞景观工程设计有限公司
· 案例 4、案例 8：深圳市希尔景观设计有限公司
· 案例 5、案例 6、案例 7、案例 15、案例 16：深圳市喜喜仕景观及建筑规划设计有限公司
· 案例 9：杭州原物景观设计有限公司
· 案例 10、案例 12：苏州翰地景观设计咨询有限公司
· 案例 11：深圳陆玛澳翡咨询有限公司
· 案例 13：广东彼岸景观与建筑设计有限公司

6 运动休闲设施

· 案例 1：悠境景观设计工程（常州）有限公司
· 案例 2、案例 4：深圳市喜喜仕景观及建筑规划设计有限公司
· 案例 3：成都绿豪大自然园林绿化有限公司
· 案例 5：深圳市赛瑞景观工程设计有限公司
· 案例 6、案例 7：深圳市喜喜仕景观及建筑规划设计有限公司

7 植物组团

· 案例 1：上海罗朗景观工程设计有限公司
· 案例 2、案例 3：深圳市喜喜仕景观及建筑规划设计有限公司
· 案例 4：深圳市希尔景观设计有限公司